技工院校"十四五"规划室内设计专业系列教材
中等职业技术学校"十四五"规划艺术设计专业系列教材

餐饮空间设计

文健　陈淑迎　邓子云　蔡建华　主编
柳芳　张玉强　汪静　尹庆　副主编

华中科技大学出版社
http://www.hustp.com
中国·武汉

内容简介

　　《餐饮空间设计》的项目一重点讲解餐饮空间设计的基本概念、设计风格和设计要素；项目二讲解餐饮空间的设计原理，主要从空间设计尺寸、色彩、照明与材料、软装饰搭配等方面进行讲述和分析；项目三、项目四和项目五分别讲述中餐厅、西餐厅和快餐厅的设计要点和设计方法，并通过设计案例分析提高学生的实践技能。本书内容详实，图文并茂，深入浅出，具有较强的直观性。同时，本书还注重与设计应用相结合，将大量真实设计案例应用到本书编写之中，提升了本书的实用价值。本书可作为技师学院、高级技工学校和中职中专类职业院校室内设计专业的教材，还可以作为行业爱好者的自学辅导用书。

图书在版编目（CIP）数据

餐饮空间设计 / 文健等主编 . — 武汉：华中科技大学出版社，2022.1

ISBN 978-7-5680-7869-6

Ⅰ.①餐… Ⅱ.①文… Ⅲ.①饮食业－服务建筑－室内装饰设计－教材 Ⅳ.① TU247.3

中国版本图书馆 CIP 数据核字 (2022) 第 000082 号

餐饮空间设计
Canyin　Kongjian　Sheji

文健　陈淑迎　邓子云　蔡建华　主编

策划编辑：金　紫

责任编辑：叶向荣

装帧设计：金　金

责任监印：朱　玢

出版发行：华中科技大学出版社（中国·武汉）　　　电　　话：（027）81321913

　　　　　武汉市东湖新技术开发区华工科技园　　　　邮　　编：430223

录　　排：天津清格印象文化传播有限公司

印　　刷：湖北新华印务有限公司

开　　本：889mm×1194mm　1/16

印　　张：8.5

字　　数：282 千字

版　　次：2022 年 1 月第 1 版第 1 次印刷

定　　价：49.80 元

技工院校“十四五”规划室内设计专业系列教材
中等职业技术学校“十四五”规划艺术设计专业系列教材
编写委员会名单

● 编写委员会主任委员

文健（广州城建职业学院科研副院长）

王博（广州市工贸技师学院文化创意产业系室内设计教研组组长）

罗菊平（佛山市技师学院设计系副主任）

叶晓燕（广东省交通城建技师学院艺术设计系主任）

宋雄（广州市工贸技师学院文化创意产业系副主任）

谢芳（广东省理工职业技术学校室内设计教研室主任）

吴宗建（广东省集美设计工程有限公司山田组设计总监）

刘洪麟（广州大学建筑设计研究院设计总监）

曹建光（广东建安居集团有限公司总经理）

汪志科（佛山市拓维室内设计有限公司总经理）

● 编委会委员

张宪梁、陈淑迎、姚婷、李程鹏、阮健生、肖龙川、陈杰明、廖家佑、陈升远、徐君永、苏俊毅、邹静、孙佳、何超红、陈嘉銮、钟燕、朱江、范婕、张淏、孙程、陈阳锦、吕春兰、唐楚柔、高飞、宁少华、麦绮文、赖映华、陈雅婧、陈华勇、李儒慧、阚俊莹、吴静纯、黄雨佳、李洁如、郑晓燕、邢学敏、林颖、区静、任增凯、张琼、陆妍君、莫家娉、叶志鹏、邓子云、魏燕、葛巧玲、刘锐、林秀琼、陶德平、梁均洪、曾小慧、沈嘉彦、李天新、潘启丽、冯晶、马定华、周丽娟、黄艳、张夏欣、赵崇斌、邓燕红、李魏巍、梁露茜、刘莉萍、熊浩、练丽红、康弘玉、李芹、张煜、李佑广、周亚蓝、刘彩霞、蔡建华、张嫄、张文倩、李盈、安怡、柳芳、张玉强、夏立娟、周晟恺、林挺、王明觉、杨逸卿、罗芬、张来涛、吴婷、邓伟鹏、胡彬、吴海强、黄国燕、欧浩娟、杨丹青、黄华兰、胡建新、王剑锋、廖玉云、程功、杨理琪、叶紫、余巧倩、李文俊、孙靖诗、杨希文、梁少玲、郑一文、李中一、张锐鹏、刘珊珊、王奕琳、靳欢欢、梁晶晶、刘晓红、陈书强、张劼、罗茗铭、曾蕾、刘珊、赵海、孙明媚、刘立明、周子渲、朱苑玲、周欣、杨安进、吴世辉、朱海英、薛家慧、李玉冰、罗敏熙、原浩麟、何颖文、陈望望、方剑慧、梁杏欢、陈承、黄雪晴、罗活活、尹伟荣、冯建瑜、陈明、周波兰、李斯婷、石树勇、尹庆

● 总主编

文健，教授，高级工艺美术师，国家一级建筑装饰设计师。全国优秀教师，2008 年、2009 年和 2010 年连续三年获评广东省技术能手。2015 年被广东省人力资源和社会保障厅认定为首批广东省室内设计技能大师，2019 年被广东省教育厅认定为建筑装饰设计技能大师。中山大学客座教授，华南理工大学客座教授，广州大学建筑设计研究院室内设计研究中心客座教授。出版艺术设计类专业教材 120 种，拥有自主知识产权的专利技术 130 项。主持省级品牌专业建设、省级实训基地建设、省级教学团队建设 3 项。主持 100 余项室内设计项目的设计、预算和施工，内容涵盖高端住宅空间、办公空间、餐饮空间、酒店、娱乐会所、教育培训机构等，获得国家级和省级室内设计一等奖 5 项。

● 合作编写单位

（1）合作编写院校

广州市工贸技师学院	东莞实验技工学校
佛山市技师学院	广东省粤东技师学院
广东省交通城建技师学院	珠海市技师学院
广东省理工职业技术学校	广东省机械技师学院
台山敬修职业技术学校	广东省工商高级技工学校
广州市轻工技师学院	广东江南理工高级技工学校
广东省华立技师学院	广东羊城技工学校
广东花城工商高级技工学校	广州市从化区高级技工学校
广东省技师学院	广州造船厂技工学校
广州城建技工学校	海南省技师学院
广东岭南现代技师学院	贵州省电子信息技师学院
广东省国防科技技师学院	
广东省岭南工商第一技师学院	
广东省台山市技工学校	
茂名市交通高级技工学校	
阳江技师学院	
河源技师学院	
惠州市技师学院	
广东省交通运输技师学院	
梅州市技师学院	
中山市技师学院	
肇庆市技师学院	
江门市新会技师学院	
东莞市技师学院	
江门市技师学院	
清远市技师学院	
山东技师学院	
广东省电子信息高级技工学校	

（2）合作编写组织

广东省集美设计工程有限公司
广东省集美设计工程有限公司山田组
广州大学建筑设计研究院
中国建筑第二工程局有限公司广州分公司
中铁一局集团有限公司广州分公司
广东华坤建设集团有限公司
广东翔顺集团有限公司
广东建安居集团有限公司
广东省美术设计装修工程有限公司
深圳市卓艺装饰设计工程有限公司
深圳市深装总装饰工程工业有限公司
深圳市名雕装饰股份有限公司
深圳市洪涛装饰股份有限公司
广州华浔品味装饰工程有限公司
广州浩弘装饰工程有限公司
广州大辰装饰工程有限公司
广州市铂域建筑设计有限公司
佛山市室内设计协会
佛山市拓维室内设计有限公司
佛山市星艺装饰设计有限公司
佛山市三星装饰设计工程有限公司
广州瀚华建筑设计有限公司
广东岸芷汀兰装饰工程有限公司
广州翰思建筑装饰有限公司
广州市玉尔轩室内设计有限公司
武汉半月景观设计公司
惊喜（广州）设计有限公司

序 言

技工教育是中国职业技术教育的重要组成部分，主要承担培养高技能产业工人和技术工人的任务。随着"中国制造2025"战略的逐步实施，建设一支高素质的技能人才队伍是实现规划目标的必备条件。如今，技工院校的办学水平和办学条件已经得到很大的改善，进一步提高技工院校的教育、教学水平，提升技工院校学生的职业技能和就业率，弘扬和培育工匠精神，打造技工教育的特色，已成为技工院校的共识。而技工院校高水平专业教材建设无疑是技工教育特色发展的重要抓手。

本套规划教材以国家职业标准为依据，以培养学生的综合职业能力为目标，以典型工作任务为载体，以学生为中心，根据典型工作任务和工作过程设计教材的项目和学习任务。同时，按照职业标准和学生自主学习的要求进行教材内容的设计，结合理论教学与实践教学，实现能力培养与工作岗位对接。

本套规划教材的特色在于，在编写体例上与技工院校倡导的"教学设计项目化、任务化，课程设计教、学、做一体化，工作任务典型化，知识和技能要求具体化"紧密结合，体现任务引领实践的课程设计思想，以典型工作任务和职业活动为主线设计教材结构，以职业能力培养为核心，将理论教学与技能操作相融合作为课程设计的抓手。本套规划教材在理论讲解环节做到简洁实用，深入浅出；在实践操作训练环节体现以学生为主体的特点，创设工作情境，强化教学互动，让实训的方式、方法和步骤清晰明确，可操作性强，并能激发学生的学习兴趣，促进学生主动学习。

为了打造一流品质，本套规划教材组织了全国40余所技工院校共100余名一线骨干教师和室内设计企业的设计师（工程师）参与编写。校企双方的编写团队紧密合作，取长补短，建言献策，让本套规划教材更加贴近专业岗位的技能需求和技工教育的教学实际，也让本套规划教材的质量得到了充分保证。衷心希望本套规划教材能够为我国技工教育的改革与发展贡献力量。

技工院校"十四五"规划室内设计专业系列教材

总主编

中等职业技术学校"十四五"规划艺术设计专业系列教材

教授/高级技师 文健

2020年6月

前言

　　中华民族是一个非常重视餐饮文化的民族，"民以食为天"，中国的餐饮文化延绵几千年，在中华大地上出现了很多经典的菜系，如川菜、粤菜、鲁菜、淮扬菜等。餐饮空间设计是室内设计的重要分支，也是室内设计专业的必修课程，这门课程对于提高学生的室内设计实践水平起着至关重要的作用。

　　本书的项目一重点讲解餐饮空间设计的基本概念、设计风格和设计要素；项目二讲解餐饮空间的设计原理，主要从空间设计尺寸、色彩、照明与材料、软装饰搭配等方面进行讲述和分析；项目三、项目四和项目五分别讲述中餐厅、西餐厅和快餐厅的设计要点和设计方法，并通过设计案例分析提高学生的实践技能。本书内容详实，图文并茂，深入浅出，具有较强的直观性。同时，本书还注重与设计应用相结合，将大量真实设计案例应用到本书编写之中，提升了本书的实用价值。本书可作为技师学院、高级技工学校和中职中专类职业院校室内设计专业的教材，还可以作为行业爱好者的自学辅导用书。

　　本书的项目一和项目五学习任务三由广州城建职业学院文健编写，项目二学习任务一和学习任务二由山东技师学院蔡建华编写，项目二学习任务三由山东技师学院张玉强编写，项目二学习任务四由山东技师学院柳芳编写，项目三由广州市工贸技师学院陈淑迎编写，项目四由广州市工贸技师学院汪静编写，项目五学习任务一和学习任务二由广东省交通城建技师学院邓子云编写，在此表示衷心的感谢。由于编者的学术水平有限，本书可能存在一些不足之处，敬请读者批评指正。

文健

2021 年 12 月

课时安排（建议课时 56）

项目	课程内容		课时
项目一 餐饮空间设计概述	学习任务一 餐饮空间设计的基本概念	4	12
	学习任务二 餐饮空间设计风格	4	
	学习任务三 餐饮空间设计要素分析	4	
项目二 餐饮空间设计原理	学习任务一 餐饮空间设计常用尺寸分析	4	16
	学习任务二 餐饮空间设计色彩分析	4	
	学习任务三 餐饮空间设计照明与材料分析	4	
	学习任务四 餐饮空间设计软装饰搭配分析	4	
项目三 中餐厅设计训练	学习任务一 中餐厅设计要点分析	4	8
	学习任务二 中餐厅设计案例分析	4	
项目四 西餐厅设计训练	学习任务一 西餐厅设计要点分析	4	8
	学习任务二 西餐厅设计案例分析	4	
项目五 快餐厅设计训练	学习任务一 快餐厅设计要点分析	4	12
	学习任务二 快餐厅设计案例分析	4	
	学习任务三 茶饮店设计案例分析	4	

目 录

项目 一 餐饮空间设计概述

学习任务一 餐饮空间设计的基本概念..........................002
学习任务二 餐饮空间设计风格...............................013
学习任务三 餐饮空间设计要素分析...........................023

项目 二 餐饮空间设计原理

学习任务一 餐饮空间设计常用尺寸分析.......................032
学习任务二 餐饮空间设计色彩分析...........................038
学习任务三 餐饮空间设计照明与材料分析.....................044
学习任务四 餐饮空间设计软装饰搭配分析.....................058

项目 三 中餐厅设计训练

学习任务一 中餐厅设计要点分析.............................066
学习任务二 中餐厅设计案例分析.............................073

项目 四 西餐厅设计训练

学习任务一 西餐厅设计要点分析.............................082
学习任务二 西餐厅设计案例分析.............................090

项目 五 快餐厅设计训练

学习任务一 快餐厅设计要点分析.............................098
学习任务二 快餐厅设计案例分析.............................111
学习任务三 茶饮店设计案例分析.............................120

项目一
餐饮空间设计概述

学习任务一　餐饮空间设计的基本概念

学习任务二　餐饮空间设计风格

学习任务三　餐饮空间设计要素分析

学习任务

一

餐饮空间设计的基本概念

教学目标

（1）专业能力：了解餐饮空间设计的基本概念和分类，掌握餐饮空间设计的流程。

（2）社会能力：培养学生严谨、细致的学习习惯，提升学生团队合作的能力。

（3）方法能力：培养学生设计思维能力和设计创新能力。

学习目标

（1）知识目标：了解餐饮空间设计的基本概念。

（2）技能目标：掌握餐饮空间设计的流程。

（3）素质目标：培养严谨、细致的学习习惯，提高个人审美能力和设计创新能力。

教学建议

1. 教师活动

教师通过分析和讲解餐饮空间设计的基本概念、分类和设计流程，培养学生的设计实践能力。

2. 学生活动

认真领会和学习餐饮空间设计的基本概念和设计流程；能创新性地进行餐饮空间设计案例的分析与鉴赏。

一、学习问题导入

各位同学，大家好！今天我们一起来学习餐饮空间设计的基本概念、分类和设计流程的知识。衣食住行是老百姓的生活必需，"民以食为天"，餐饮空间设计是室内商业空间设计中一个重要的分支。餐饮是指通过对食材的即时加工制作，向消费者提供各种菜品、食品、酒水和饮料的生产经营行业。餐饮空间包括餐厅和饮料店两个主要板块。

二、学习任务讲解

1. 餐饮空间设计的基本概念

餐饮空间是指通过集饮食加工制作和就餐服务于一体，向消费者提供各种菜品、食品、酒水和饮料的消费场所。餐饮空间的经营内容非常广泛，不同的民族、地域和文化，其饮食习惯也不相同。餐饮空间的主要功能是饮食，主要满足食客的就餐需求，并获取相应的服务收入。由于不同的地区和不同的文化，以及不同的人群饮食习惯、口味的差别，世界各地的餐饮表现出多样化的特点。餐饮空间的另外一个功能是聚会和交流，承担一定的商务功能，餐厅往往是亲朋好友或商业伙伴聚会、交流、放松身心的场所，因此，需要创造出优雅的就餐环境，营造出舒适、宜人的就餐氛围，在空间布局、造型设计、色彩搭配、照明设计、通风和采光设计、装饰材料选择等方面都要做精心的设计规划。

2. 餐饮空间分类

餐饮空间按经营内容可分为中餐厅、西餐厅、宴会厅、快餐店、酒吧和茶饮店等。中餐厅是指以提供中式菜肴为主的餐厅，中式菜肴品类丰富，代表性的菜系有川菜、粤菜、鲁菜、浙菜、湘菜、淮扬菜等。中餐厅设计将中国传统文化融入空间设计之中，强调中国文化独特的内涵和品位，例如中餐的餐桌是圆形的，体现了中国人平等、包容、内敛的性格。中式家具、灯饰、工艺品和陈设品是中餐厅必不可少的设计元素，中国传统的木雕、格栅、屏风、建筑构件，以及书法和绘画作品等元素也往往灵活运用于空间之中，营造出古朴、庄重、儒雅的空间气质，见图1-1和图1-2。

西餐厅是指以供应西餐为主的餐厅，见图1-3。西餐主要是指欧美国家的饮食菜肴，一般以烤制的肉类和面食为主，使用橄榄油、黄油、番茄酱、沙拉酱等调味料，并搭配上一些蔬菜，如番茄、西兰花等。西餐一般以刀叉为餐具，多以长方形桌台为餐台。西餐的主要特点是主料突出，形色美观，口味鲜美，营养丰富。正规西餐包括餐汤、前菜、主菜、餐后甜品及饮品。西餐大致可分为法式、英式、意式、俄式、美式、地中海式等多种不同风格的菜肴。

宴会厅是指用于各类婚庆、公司聚餐、大型集会等活动的就餐场

图1-1 中餐厅设计——成都宴

图1-2　中餐厅设计——许发记

图1-3　西餐厅设计

所，往往设置在星级酒店或大型餐饮酒楼内。宴会厅的设计标准较高，装饰较为奢华，造型繁复，装饰材料精美，空间开阔，营造出庄重、豪华、典雅的空间气质，见图1-4。

快餐店又称速食餐厅、速食店，是指在点餐之后食物很快就供应出来，并且服务维持在最低限度的一种餐厅。快餐店是都市快节奏生活衍生出来的餐厅形态，主要特点是方便、快捷。其空间装饰设计往往具有一个鲜明的主题，以一种或几种主要菜品为特色，营造出轻松、惬意、休闲的空间氛围，见图1-5。

酒吧是指以提供白酒、啤酒、葡萄酒、洋酒、鸡尾酒等酒精类饮料为主的休闲餐饮类消费场所。酒吧最初源于欧洲的酒馆，主要以售卖酒水为主，后随着时代的发展演变为集饮酒、休闲、娱乐表演为一体的综合消费场所。酒吧里既可以喝酒品茶、扎堆聊天，又可以欣赏歌舞、音乐，让人在一定程度上放松身心，缓解工作、生活的压力和疲劳，成为都市年轻人休闲娱乐、交流情感的场所。酒吧空间设计常以休闲为主题，其灯光设计是重点，常常通过不同色彩、不同照度的灯光设计来烘托空间氛围，营造光怪陆离的空间效果，见图1-6。

茶饮店是指以提供各种茶饮类饮料为主的休闲餐厅，常见茶品有绿茶、红茶、奶茶等，代表性的品牌有喜茶、奈雪、一点点等。茶饮以茶为主要原料，适合中国人的口味，并且较为健康、养生，因此发展较为迅速。茶饮空间设计以简约、休闲为主要风格，营造出宁静、优雅、含蓄的空间品质，见图1-7和图1-8。

图1-4　宴会厅设计

图1-5　快餐店设计

图1-6　胡桃里酒吧设计

图1-7　喜茶茶饮店设计1

图1-8　喜茶茶饮店设计2

3. 餐饮空间设计流程

餐饮空间设计流程主要包括以下几个步骤。

（1）接受设计委托。

这一阶段的主要工作是接受餐饮空间经营方的设计委托任务，并与餐饮空间经营方深入交流，了解餐厅现有的情况，具体包括以下几点：

①餐厅周边环境情况，包括交通、商业氛围、朝向等；

②餐厅室内结构，包括每一层的层高、梁柱结构、窗户位置、给排水管道布置、消防设施设置等；

③餐厅的定位，包括设计风格、经营形式、消费水平、目标客户等；

④餐厅的基本功能需求，包括卡座数量、包间数量、厨房面积等。

（2）餐饮空间概念设计。

餐饮空间设计合同签订后，设计方就必须在规定的时间内完成餐饮空间初步的概念设计方案，包括实测后的平面布置图、设计构思草图和设计意向图。平面布置图要结合现场的实际情况和餐厅的功能需求进行合理的规划和布置，保证交通的顺畅和功能的完整，以及就餐时的私密性。设计构思草图可以采用手绘的方式，将餐厅的天花设计、立面造型设计和地面材质设计初步表现出来，形成一个三维立体的室内空间效果。设计意向图可以排版成画册，将餐厅各个区域的设计意向通过图片的形式展现出来，并与业主进行深入交流，确定好设计风格和基本的装修造价，为下一阶段的电脑效果图制作做好铺垫，具体见图1-9～图1-12。

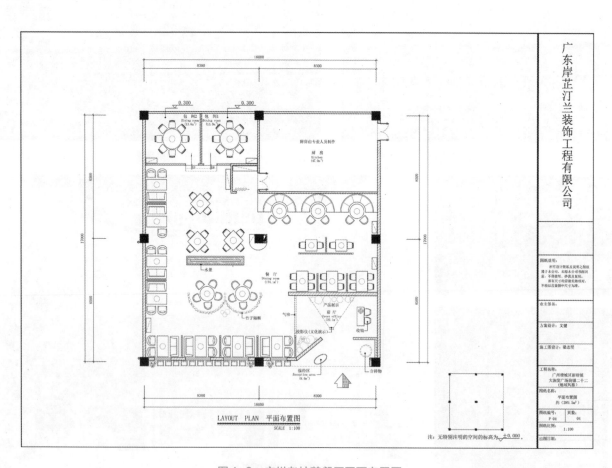

图1-9　广州老灶鹅餐厅平面布置图

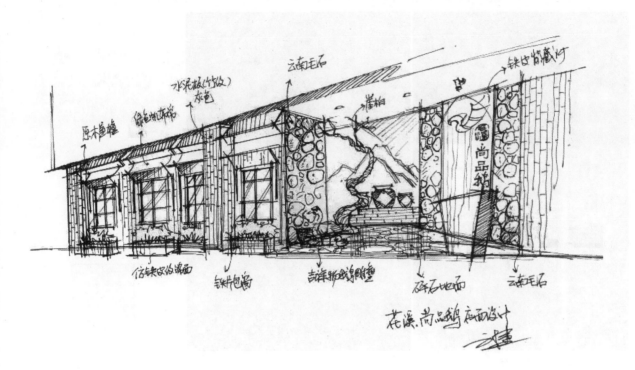

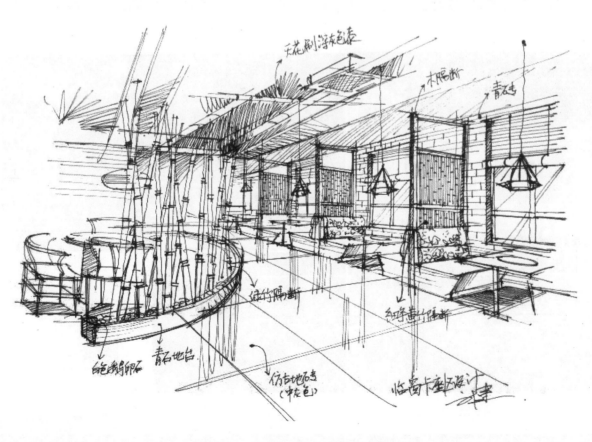

图 1-10　广州老灶鹅餐厅手绘设计草图

隔断意向图 / DESIGN CONTENT

"传承传统"

传统建筑材料 室外材料室内用
没有多余的修饰 褪去繁杂的包装
有的只是文化沉淀的痕迹
粗糙的质感与古朴的色彩,
用独特的历史内涵
为简约的空间增添一份沉静之美

广州市增城新塘大润发餐厅设计项目
GUANG ZHOU ZENG CHENG DA RUN FA CAN TING SHE JI SHE JI XIANG MU

图 1-11 广州老灶鹅餐厅设计意向图 1

入口意向图 / DESIGN POTINTS

广州市增城新塘大润发餐厅设计项目
GUANG ZHOU ZENG CHENG DA RUN FA CAN TING SHE JI SHE JI XIANG MU

图 1-12 广州老灶鹅餐厅设计意向图 2

（3）餐饮空间效果图设计。

确定好平面布置图、设计风格和基本的装修造价后，就可以开始制作餐饮空间效果图。效果图是将餐饮空间装修后的效果真实地模拟出来，仿真性较强，通过建模，灯光、材质的制作以及后期处理，展现更加直观、立体的室内空间，见图1-13和图1-14。

图1-13　广州老灶鹅餐厅设计效果图1

图1-14　广州老灶鹅餐厅设计效果图2

（4）餐饮空间施工图设计。

确定好餐饮空间效果图后，就可以制作施工图。施工图是指导装饰施工的规范性图纸，包括平面图、天花图、水电图、立面图、剖面图、节点大样图等，见图1-15～图1-19。

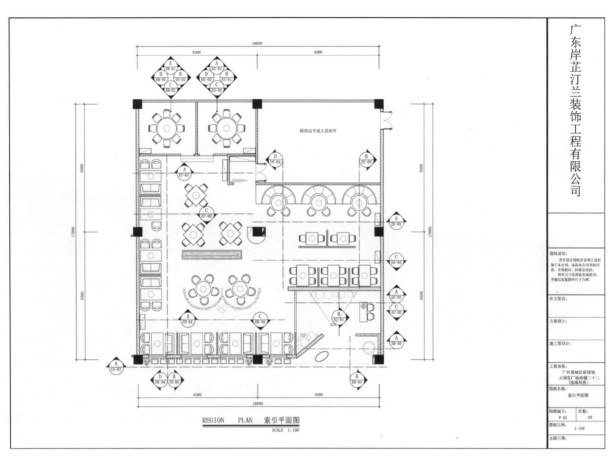

图 1-15　广州老灶鹅餐厅索引平面图

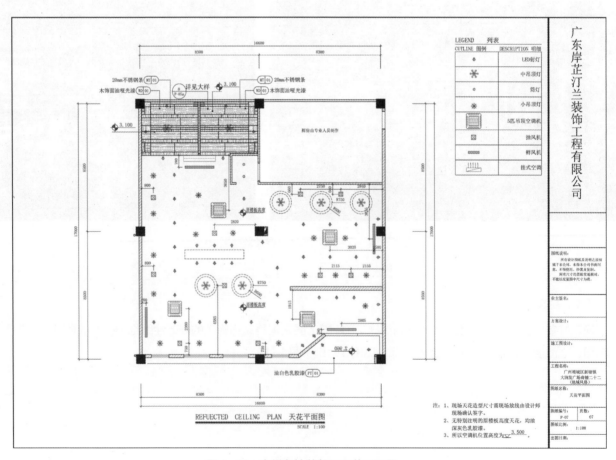

图 1-16　广州老灶鹅餐厅天花平面图

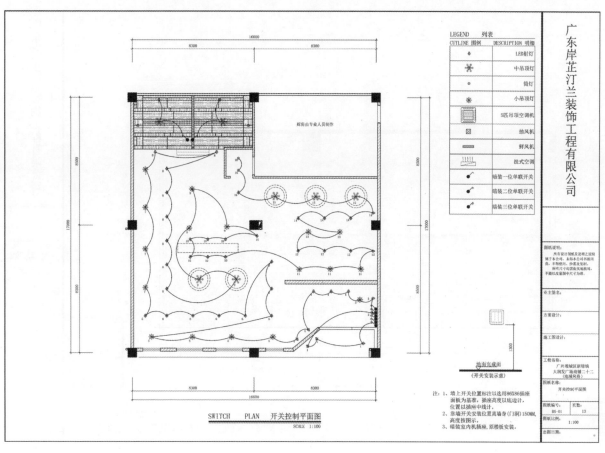

图 1-17　广州老灶鹅餐厅开关控制平面图

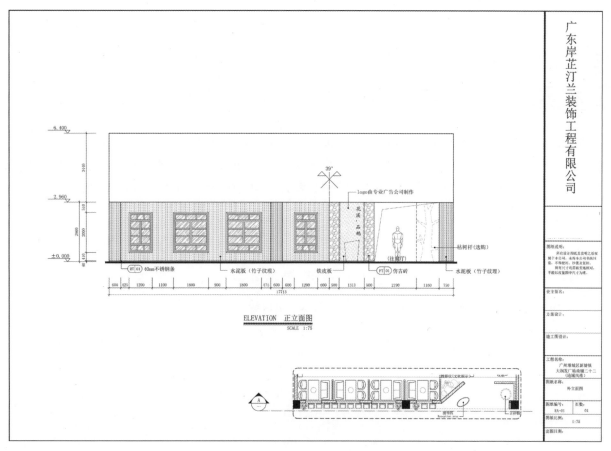

图 1-18　广州老灶鹅餐厅立面图 1

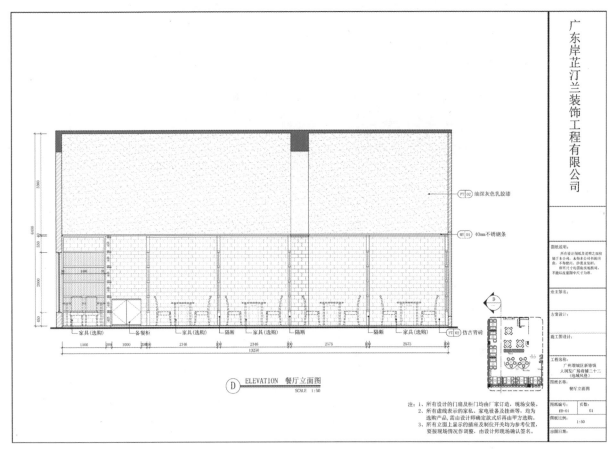

图 1-19 广州老灶鹅餐厅立面图 2

三、学习任务小结

通过本次课的学习，同学们初步了解了餐饮空间设计的基本概念、分类和设计流程，通过对餐饮空间设计案例的分析与讲解，以及优秀餐饮空间设计提案的展示与分享，开拓了设计的视野，提升了对餐饮空间设计的深层次认识。课后，大家要多收集相关的餐饮空间设计案例，形成资料库，为今后从事餐饮空间设计积累素材和经验。

四、课后作业

每位同学收集 5 套餐饮空间设计案例，并制作成 PPT 进行展示。

学习任务
二

餐饮空间设计风格

教学目标

（1）专业能力：了解餐饮空间设计风格的类型。

（2）社会能力：能根据餐饮空间设计的要求选择与之相协调的设计风格。

（3）方法能力：收集不同风格的餐饮空间设计案例，提升创造性思维能力。

学习目标

（1）知识目标：掌握餐饮空间设计主要风格的特征和代表样式。

（2）技能目标：能够理解餐饮空间设计的典型风格特征，并熟练运用到实践设计中。

（3）素质目标：了解餐饮空间设计风格的流行趋势，培养自己的综合审美能力。

教学建议

1. 教师活动

（1）教师通过对餐饮空间设计风格及设计案例的分析与讲解，启发和引导学生理解餐饮空间设计风格的典型特征。

（2）遵循教师为主导、学生为主体的原则，结合餐饮空间设计案例，将多种教学方法，如分组讨论法、现场讲演法、横向类比法等进行有机结合，激发学生的学习积极性，变被动学习为主动学习。

2. 学生活动

（1）学生在课堂通过老师的指导，自行分组展示和讲解优秀餐饮空间设计风格及设计案例，训练语言表达能力，提高总结思维能力。

（2）结合课堂学习选择相关书籍阅读，拓展餐饮空间设计风格理论知识，课后大量阅读成功的设计案例，提高设计鉴赏能力。

一、学习问题导入

同学们，大家好！今天我们一起来学习餐饮空间设计风格。首先我们来观察两组图片，看看它们有什么区别，见图 1-20 和图 1-21。通过观察图片我们发现不同的餐饮空间有着不同的风格特征，而这些风格特征就代表了一定的餐饮文化。

图 1-20　休闲风格的餐厅设计

图 1-21　自然风格的餐厅设计

二、学习任务讲解

1. 餐饮空间设计风格的含义

风格即风度品格，它体现着设计中的艺术特色和个性。餐饮空间设计风格体现了独特的餐饮文化，蕴含着人们对饮食的要求和品位。不同民族、不同地区、不同年龄阶段的人群对餐饮空间的设计风格都有着不同的认知和喜好，例如中式风格和日式风格讲究宁静、自然、禅意的设计理念，现代简约风格追求时尚、雅致、休闲的体验等。餐饮空间的设计风格是对餐饮文化的诠释，对营造就餐环境起着决定性作用。

2. 餐饮空间设计风格分类

餐饮空间设计风格主要有欧式风格、新中式风格、现代简约风格、自然主义风格、工业主义风格、新装饰主义风格等。

（1）欧式风格。

欧式风格是以欧洲经典的室内设计理念和元素为依托，将其特有的造型样式、装饰图案和陈设运用到空间的装饰上，营造出精美、奢华、富丽堂皇的空间效果。欧式风格餐饮空间设计在造型设计上讲究对称手法，体现出庄重、大气、典雅的特点。其代表性装饰式样与陈设如下。

① 具有对称与重复效果，带有雕花的装饰线条（木线条、石膏线）与装饰界面。

② 带有纹理的、精致的磨光大理石饰面或做成层次丰富的大理石拼花。

③ 装饰图案精美的墙纸、墙布和地毯。

④ 以金箔、水晶和青铜材料配合精美印花手工布艺、皮革制作而成的家具和室内陈设。

⑤多重褶皱的水波形绣花窗帘、豪华的艺术造型水晶吊灯。

⑥带有仿生设计，仿动物腿脚部形状，材料以鎏金、镀金、镀铜、木雕为主，辅以皮革坐垫的家具。

欧式风格餐饮空间设计见图1-22。

图1-22 欧式风格餐饮空间设计

（2）新中式风格。

新中式风格的室内设计以中国传统文化为基础，具有鲜明的特色。新中式风格的明清家具、窗棂、格栅、布艺、陈设交相辉映，经典地再现了移步换景的效果。新中式风格还继承中国传统空间设计理念，将其中的经典元素提炼并加以丰富，同时改变原有空间布局中等级、尊卑等封建思想，给餐饮空间注入新的气息。

新中式风格餐饮空间设计常用木材和木饰面，同时结合金属材质形成刚柔相济的视觉效果。其空间布局均衡，空间序列井然有序，注重与周围环境的和谐统一，体现出中国传统设计理念中崇尚自然、返璞归真以及天人合一的思想，散发出迷人的东方魅力。新中式风格餐饮空间设计从造型样式到装饰图案上均表现出端庄的气度和儒雅的风采，其代表性装饰式样与陈设如下。

①墙面的装饰造型常采用对称式布局，显得庄重、大方、儒雅。以阴阳平衡理念调和室内空间生态，选用天然的装饰材料，造型样式常用重复手法表现出秩序感。方与圆的造型呼应也是新中式风格的特色之一，如圆形餐桌与方形造型的天圆地方呼应，外方内圆的雕花罩门、格栅等。

②墙纸图案以中国传统绘画和装饰图案为主，如中国传统山水画和花鸟画题材图案，营造出极富中国情调的就餐空间。

③色彩常以褐色、浅黄色、红色、青蓝色和青绿色为主，给人以沉稳、朴素、宁静、优雅的感觉。

④墙面的装饰物有手工编织物（如刺绣、木雕等）、中国传统绘画（花鸟、人物、山水）、书法作品、对联等；地面铺带有中国文化图腾和符号的地毯，如"回"字纹、山水纹。

⑤ 家具以明清家具为主，如条案、圈椅、太师椅、炕桌、圆桌等。家具的靠垫、卧室的枕头和装饰台布常用布、缎、锦等做材料，表面用刺绣或印花图案做装饰，以红、绿或宝石蓝为主色调，既热烈又含蓄、既浓艳又典雅，还可绣上"福""禄""寿""喜"等字样，或是龙凤呈祥之类的中国吉祥图案。

⑥室内灯饰常用木制造型灯或布艺灯，结合中式传统木雕图案，灯光多用暖色调，营造出温馨、柔和的气氛。室内陈设品常用奇石、盆景、瓷器、民间工艺品（剪纸、皮影、泥塑）等。家具、字画和陈设的摆放多采用对称的形式和均衡的手法，这种格局是中国传统礼教精神的直接反映。

新中式风格的餐饮空间设计还常常巧妙地运用隐喻和借景的手法，努力创造出一种安宁、和谐、含蓄、清雅的意境，见图1-23和图1-24。

图1-23　新中式风格餐饮空间设计1

图 1-24　新中式风格餐饮空间设计 2

（3）现代简约风格。

现代简约风格提倡突破传统，进行技术和工艺的革新，重视功能和空间组织，注重发挥结构构成本身的形式美。其空间布局讲究开放性，追求流动空间的设计理念，减少空间的实体隔断，形成空间之间的贯通和开敞。同时，追求造型简洁，喜欢运用点线面的抽象构成手法来设计界面造型、材质和布置家居与陈设。提倡技术与艺术相结合，把合乎目的性、合乎规律性作为艺术的标准，并延伸到空间设计中。现代简约风格采用简洁的形式达到低造价、低成本的目的，并营造出朴素、纯净、雅致的空间氛围。现代简约风格室内设计的代表性装饰与陈设如下。

①提倡功能至上，反对过度装饰，主张使用白色、灰色、黑色等中性色彩，室内空间既可以用规则的几何形和方形体块表现简洁感，也可以运用动感的曲线表现空间的灵动感。

②强调室内空间形态和构件的单一性、抽象性，追求材料、技术和空间表现的精确度。常运用几何要素，如点、线、面、体块等来对造型和家具进行组合设计，表现出简洁、时尚的装饰效果。家具与灯饰造型简洁，强调线条感，材料简单而考究，讲究人体工程学的舒适尺寸和设计美感。

③陈设品造型简单、抽象，色彩纯净，装饰效果协调统一。

现代简约风格餐饮空间设计见图 1-25 和图 1-26。

图 1-25　现代简约风格餐饮空间设计 1

图 1-26　现代简约风格餐饮空间设计 2

（4）自然主义风格。

自然主义风格是一种回归自然，清新、婉约、雅致的设计风格。其更多地使用自然材料，如原木、石材、板岩、竹子、藤条等，材料的质地较粗，并有明显的肌理纹路。室内色彩多为纯正天然的色彩，如矿物质的颜色，以浅绿色、白色、浅蓝色为主色调。空间开敞通透，并强调自然光的引入，让室内外空间紧密融合。室内常点缀绿色的植物，使空间生机勃勃、充满自然气息，营造出轻松、休闲的空间氛围。家具经常会用一些做旧的原木，布艺多采用淡雅、清秀的各种色系的小碎花或自然植物图案，陈设也以自然手工编织为主。

自然主义风格餐饮空间设计见图1-27和图1-28。

图1-27 自然主义风格餐饮空间设计1

图1-28　自然主义风格餐饮空间设计2

（5）工业主义风格。

工业主义风格是一种怀旧而粗犷的设计风格。其追忆工业时代的风貌，在室内大量运用金属、管道、阀门等工业元素，营造出朴素、自然、硬朗的空间品质。工业主义风格的室内墙面多保留原有建筑的风貌，例如不加任何装饰把墙砖裸露出来，或采用砖块设计、油漆装饰，让墙面表现出类似工业厂房的情景。局部墙面和家具用铁锈斑驳的铁艺进行装饰，显得非常破旧，形成历史的年代感。基本上不会在天花上吊顶，通常会裸露金属管道，通过颜色和位置的安排形成线条的装饰美感。工业主义风格的色彩基调是黑色，给人的感觉是神秘、冷酷，同时，搭配少量红色、蓝色、黄色等纯度较高的颜色，形成强烈的色彩对比效果。

工业主义风格餐饮空间设计见图1-29和图1-30。

（6）新装饰主义风格。

新装饰主义风格是一种运用当代流行的图案和元素进行室内装饰的设计风格。其色彩多用纯色，图案为卡通动画形象、漫画人物等，营造出时尚、青春、动感的空间效果。这种风格崇尚个性，将各种元素进行混搭和个性化组合，追求动感和变化，反对单调和协调，深受年轻人的喜爱和推崇，见图1-31和图1-32。

图1-29　工业主义风格餐饮空间设计1

图1-30 工业主义风格餐饮空间设计2

图1-31 新装饰主义风格餐饮空间设计1

图1-32 新装饰主义风格餐饮空间设计2

三、学习任务小结

通过本次课的学习，同学们已经初步了解了餐饮空间设计风格的知识，对餐饮空间设计风格的典型特征和代表样式有了一定的认识。同学们课后还要结合课堂学习选择相关的书籍阅读，拓展理论知识，并结合生活实际对餐饮空间设计案例的风格特征做总结概括，全面提升自己的审美能力。

四、课后作业

收集 3 套新中式风格餐饮空间设计案例，并制作成 PPT 进行展示。

餐饮空间设计要素分析

教学目标

（1）专业能力：了解餐饮空间设计的要素，能利用餐饮空间设计要素进行设计规划。

（2）社会能力：培养学生协作、配合、细致的习惯，提升学生团队合作的能力。

（3）方法能力：培养学生设计思维能力和设计创新能力。

学习目标

（1）知识目标：了解餐饮空间设计的要素。

（2）技能目标：能利用餐饮空间设计要素进行设计规划。

（3）素质目标：培养严谨、细致的学习习惯，提高个人审美能力和设计创新能力。

教学建议

1. 教师活动

教师通过分析和讲解餐饮空间设计的构成法则和美学原则，培养学生的设计创意能力。

2. 学生活动

认真领会和学习餐饮空间设计的要素和构成法则，收集餐饮空间设计中具有构成法则和美学原则构图形式的图片资料。

一、学习问题导入

各位同学，大家好！今天我们一起来学习餐饮空间设计的要素。在餐饮空间设计中，各界面的装饰是重点，包括天花、墙面和地面的装饰设计。各界面的装饰设计需要运用不同的造型手法，结合材质、色彩、灯光进行综合表现。界面之间不是孤立存在的，而是依据一定的构成法则和美学原则，进行合理化的组合与搭配，从而产生丰富的视觉效果。

二、学习任务讲解

餐饮空间设计要素是指餐饮空间中按照构成法则和美学原则进行合理化组合，创造出优美、舒适的空间环境的重要元素。餐饮空间设计的构成法则是指餐饮空间中的造型与陈设按照点、线、面形式进行抽象组合和合理搭配的设计法则。餐饮空间设计的美学原则包括协调与对比、主从与焦点、过渡与呼应等方面的内容。

1. 餐饮空间设计的构成法则

点、线、面在餐饮空间构成设计中是最为基本的视觉要素。餐饮空间中的造型与陈设被抽象概括成点、线、面，并合理运用到空间中，可以让空间表现出秩序感、节奏感和韵律感。

（1）点。

点是最简洁的形态，只有位置而没有大小。点有各种各样的形态，圆点具有强烈的聚焦作用，三角形和方形的点较为稳定。在空间设计中，点还可以设计成具有大小、形状、色彩、肌理等造型的元素，如一幅带有肌理质感的画、高低错落的几盏灯、大小变化的相框、形状与色彩不同的摆件等，都可以看作空间中的点。点在空间设计中有着较大的视觉吸引力，连续的点会形成线，而聚集的点会形成视觉中心。餐饮空间设计中点元素的运用见图1-33和图1-34。

图 1-33　点元素的运用 1

图1-34 点元素的运用2

（2）线。

线是点移动的轨迹，在室内空间中，线段不仅有长度，还具有宽度、形状、色彩、肌理等要素。线分为直线和曲线两大类，直线包括水平线、垂直线和斜线，具有一种力的美感，展现出理性、坚定的特征。在视觉的体验上，水平线带给人稳定、舒缓、安静的感觉，使空间显得更开阔；垂直线带给人向上、积极、挺拔的感觉，如果空间低矮可以使用垂直线，让空间有增高的伸展感；斜线则有强烈的方向性和动感特征，会让空间有上升感和速度感，直线元素的运用见图1-35和图1-36。

图1-35 直线元素的运用1

图 1-36　直线元素的运用 2

　　曲线是女性化的象征，表现出丰满、感性、轻快、流动、柔和的感情色彩，节奏感和韵律感强。曲线分为几何曲线和自由曲线，几何曲线有准确的节奏感，规律性强；自由曲线则具有变化和动感，更加自由轻快，曲线元素的运用见图 1-37 和图 1-38。

图 1-37　曲线元素的运用 1

图1-38　曲线元素的运用2

（3）面。

　　面是线移动的轨迹，是构成各种可视形态的最基本的形。直线展开形成平面，具有秩序安定、简洁整齐的视觉效果；曲线展开形成曲面，具有灵动活泼、优雅柔和的视觉效果。室内空间是由天花、地面和墙面三大界面组成的，这也是室内空间结构中最重要的面。造型变化丰富的面见图1-39，相互渗透与交融的面见图1-40。

图1-39　造型变化丰富的面

图 1-40　相互渗透与交融的面

2. 餐饮空间设计的美学原则

（1）协调与对比。

餐饮空间设计的协调原则是指空间中各要素之间在风格、造型、色彩和材质方面的和谐统一，避免搭配时的无序和混乱。餐饮空间设计的对比原则是指两种或两种以上不同的材料、形体、色彩等作为对照，通过明显对立的元素设计，如大与小、曲与直、方与圆、黑与白、凹与凸、粗与细、虚与实放置于同一界面或空间中产生一种既对立又和谐的效果的设计原则。对比包括形态对比、色彩对比、肌理对比等。餐饮空间设计应本着"大协调、小对比"的原则进行搭配和设计，见图 1-41 和图 1-42。

图 1-41　协调与对比在餐饮空间设计中的运用 1

图 1-42　协调与对比在餐饮空间设计中的运用 2

（2）主从与焦点。

在餐饮空间设计中往往需要打造一个视觉焦点用以强化主题，吸引人们的视觉注意力。视觉焦点可以是一面墙、一幅挂画、一件装饰摆件，也可以是一个整体的造型。餐饮空间设计需要表现空间的主从关系，打造主次分明的层次美感。视觉焦点一般设置于具有强烈装饰趣味的界面上，既有美的欣赏价值，又在空间上起到一定的视觉引导作用，见图 1-43 和图 1-44。

图 1-43　主从与焦点的运用 1　　　　　　　　　　图 1-44　主从与焦点的运用 2

（3）过渡与呼应。

餐饮空间的硬装修与软装饰在造型、色彩和材质上要彼此呼应、过渡自然，过渡时需要展现空间的秩序感，避免出现视觉上的大起大落。呼应则是设计要素之间相互对应和关联，形成均衡的形式美感，过渡与呼应的运用见图1-45～图1-47。

图1-45 过渡与呼应的运用1

图1-46 过渡与呼应的运用2　　　　　　　图1-47 过渡与呼应的运用3

三、学习任务小结

通过本次课的学习，同学们了解了餐饮空间设计的构成法则和美学原则，通过对餐饮空间设计要素的分析与讲解，以及优秀餐饮空间设计案例的展示与分享，开拓了设计的视野，提升了对餐饮空间设计的深层次认知。课后，同学们要多收集具有构成法则和美学原则的餐饮空间设计案例，提升个人审美能力和设计创新能力。

四、课后作业

每位同学收集20张体现餐饮空间设计构成法则的作品，并制作成PPT进行分享。

项目二
餐饮空间设计原理

学习任务一　餐饮空间设计常用尺寸分析

学习任务二　餐饮空间设计色彩分析

学习任务三　餐饮空间设计照明与材料分析

学习任务四　餐饮空间设计软装饰搭配分析

餐饮空间设计常用尺寸分析

教学目标

（1）专业能力：了解餐饮空间设计中常用的尺寸。

（2）社会能力：培养学生认真、严谨的工作态度和综合考虑问题、团队协作的能力。

（3）方法能力：培养学生收集信息和资料的能力，归纳和应用的能力，沟通和表达的能力。

学习目标

（1）知识目标：掌握餐饮空间的整体布局、局部布局方法，以及界面设计常用的尺寸要求。

（2）技能目标：能根据餐饮空间的功能和需求，运用人体工程学的基本常识，在设计过程中正确设置空间各部分尺寸。

（3）素质目标：培养空间尺寸分析的习惯，注重设计细节，具备清晰表达设计构思的能力。

教学建议

1. 教师活动

（1）课前体验：安排学生去体验生活中的餐饮空间，并分析其交通流线尺寸、家具尺寸，在体验中调动和提高学生自主学习能力。

（2）课中分析：通过课堂案例分析、模拟餐饮环境、体验分析、讨论等方式，引导学生对餐饮空间设计中常见的尺寸进行可行性分析。

（3）课后总结：课程结束后，总结、梳理课程的学习内容，并通过餐饮空间案例设计分析使学生巩固理论知识并能熟练应用。

2. 学生活动

（1）通过前期带着任务体验餐饮空间，了解学习的主要内容。

（2）课堂上认真聆听教师的讲解与分析，积极参与演示讨论，掌握餐饮空间设计中常用的尺寸内容。

（3）通过完成课堂实训、课后资料库整理及餐饮空间案例设计，巩固所学的餐饮空间相关尺寸常识。

一、学习问题导入

　　在空间设计中，有关尺寸的内容无处不在，时时影响着使用人的空间体验感。优美的用餐空间离不开合理的空间尺寸，而合理的空间尺寸能给用餐者带来身体和心理的最大舒适度，增加人们对空间的认可度。要树立以人为本的空间尺寸设计理念，注重设计细节，让餐饮空间设计更加人性化。

二、学习任务讲解

　　餐饮空间设计中的常用尺寸分析如下。

1. 用餐区域常用尺寸

（1）双人餐桌。

　　双人方桌、双人圆桌的餐桌尺寸因不同的餐厅性质而有所不同，见图2-1和图2-2。中式餐厅的双人位设计多为圆形餐台，餐台高度750～800mm，直径不应小于800mm。西式餐厅及快餐店双人位设计多为方形餐台，餐台高750～800mm，尺寸不应小于600mm×600mm，标准为760mm×760mm。椅子之间的通道距离宜为600～900mm。

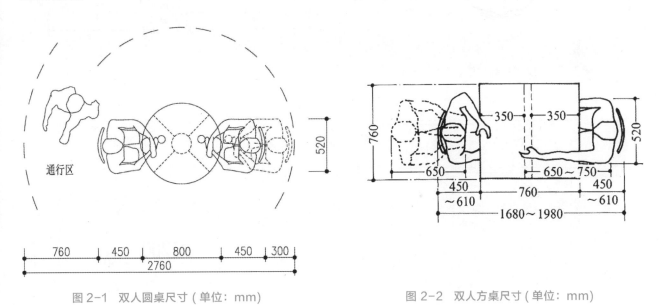

图2-1　双人圆桌尺寸（单位：mm）　　　　　　图2-2　双人方桌尺寸（单位：mm）

（2）多人餐桌。

　　多人餐桌需要根据人数来定尺寸，餐台高度为750～800mm。四人位正方形餐桌标准宽度为910～1060mm，六人位圆形餐桌标准直径为1820mm，见图2-3和图2-4。

（3）卡座餐桌。

　　卡座一般分四人卡座及圆形卡座，卡座多出现在特色餐厅、西餐厅、广式茶餐厅等餐饮空间中。卡座背板越高对客人的私密性保护越好，对客人的视线与声音传播也有一定的阻隔作用。但是较高的卡座背板会阻挡餐厅的整体视线，所以在小空间的餐厅较少使用背板较高的卡座。

　　长方形四人卡座的常见尺寸：长度为1200～1500mm，宽度为600～1000mm，高度为750～800mm。卡座离椅子的距离不应小于50mm，方便人们进入卡座就座。圆形卡座的常见尺寸：椅子的宽度为450～500m，高度为450～500m；中间圆桌的直径为1200mm，高度为750～800mm。两个餐桌之间的过道宽度不应小于300mm。

长方形四人卡座尺寸见图2-5，圆形卡座尺寸见图2-6。

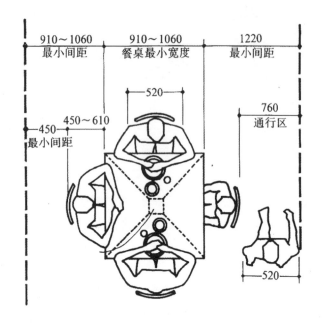

图2-3　四人位餐桌尺寸（单位：mm）

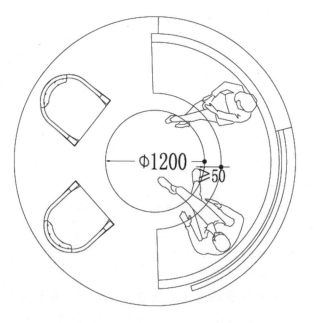

图2-4　六人位餐桌尺寸（单位：mm）

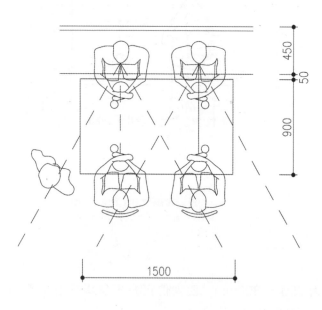

图2-5　长方形四人卡座尺寸（单位：mm）

图2-6　圆形卡座尺寸（单位：mm）

（4）包厢用餐。

包厢又称为包房，包厢内应设置用餐区、备餐间和独立卫生间。用餐区主要放置餐桌和餐椅，包厢中餐餐桌主要有6人桌、8人桌、10人桌和12人桌，6人桌餐桌直径1100～1250mm，8人桌餐桌直径1300mm，10人桌餐桌直径1500mm，12人桌餐桌直径1800mm。备餐间应设置独立门进出，不能与主房门为同一出口。卫生间应设置洗手台、坐便器，空间容许的情况下可以设置小便池。包厢功能布局见图2-7。

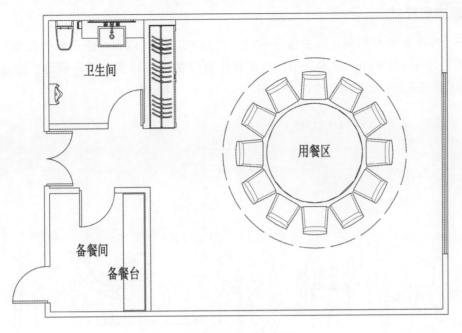

图 2-7　包厢功能布局

2. 厨房内部尺寸

烹饪台的标准高度为800mm，深度为900mm；配料台的标准高度为800mm，深度为900mm；地面抬高240mm，做300mm以上的环形排水槽；天花板与地面距离不应小于2.5m。厨房操作区尺寸见图2-8。

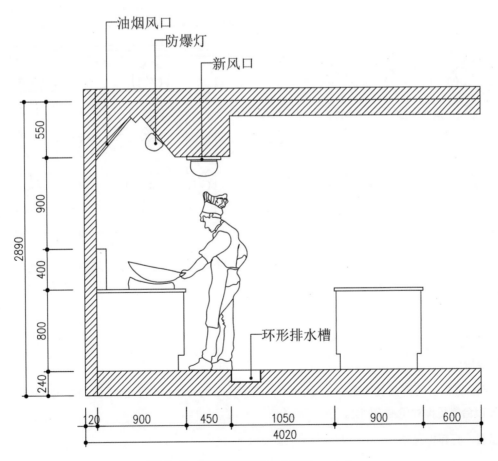

图 2-8　厨房操作区尺寸（单位：mm）

3. 公共区走廊尺寸

中式餐厅的设计多为圆形餐台，主通道的尺寸宜为1500mm以上，便于服务员推着餐车通过；次通道的尺寸不应小于600mm，见图2-9。西式餐厅及快餐店设计多为方形餐台，主通道的尺寸宜为900～1200mm，见图2-10和图2-11。

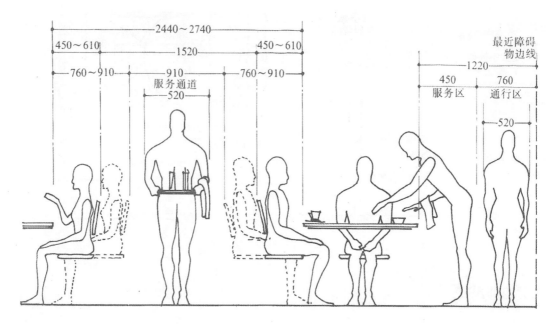

图 2-9　中式餐厅走廊尺寸（单位：mm）

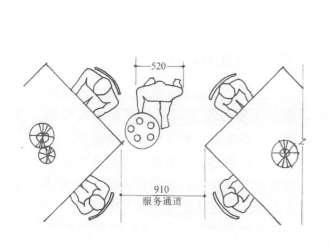

图 2-10　西式餐厅走廊尺寸（单位：mm）

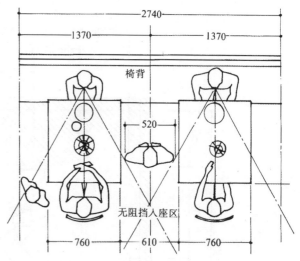

图 2-11　餐桌间尺寸（单位：mm）

4. 配套区尺寸

（1）收银台尺寸。

收银人员里层柜台的深度为600～750mm，高度为900mm；外层的柜台高度为1100mm，外深度为300mm。收银台常见尺寸见图2-12。

（2）备餐、打包柜尺寸。

打包台的标准高度为750～800mm，宽度不应小于400mm；传餐口的尺寸不应小于400mm×400mm，可滑动关闭，顶面需设置 300mm 的搁物板，用于工作人员上传菜品。制作台的标准高度为 800mm，深度为 600mm；制作台与配料台之间的通道宜为 1000 ~ 1200mm；制作间地面抬高 150mm。备餐、打包柜常见尺寸见图 2-13。

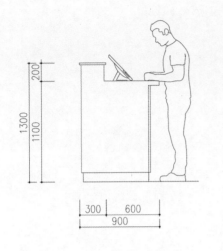

图 2-12 收银台常见尺寸（单位：mm）

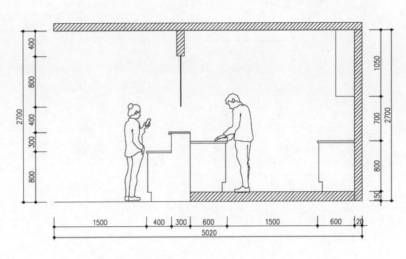

图 2-13 备餐、打包柜常见尺寸（单位：mm）

三、学习任务小结

通过本次课的学习，同学们已经初步了解了餐饮空间中常用的尺寸数据，以及这些数据具体的用途。课后，大家要多收集餐饮空间设计常用的尺寸资料，形成资料库。今后要注意观察和分析餐饮空间中的尺寸数据，做到在餐饮空间设计中合理把握空间的整体尺寸和局部尺寸。

四、课后作业

将餐饮空间中常用的尺寸整理成资料库，作为后期综合设计的备用资料。

学习任务 二

餐饮空间设计色彩分析

教学目标

（1）专业能力：能合理运用色彩原理进行餐饮空间色彩设计。

（2）社会能力：培养学生注重整体、关注细节的工作态度和综合协调的能力。

（3）方法能力：培养学生信息和资料收集能力、设计创新能力和设计元素的综合运用能力。

学习目标

（1）知识目标：掌握餐饮空间设计中色彩搭配的方法。

（2）技能目标：能够运用色彩原理进行餐饮空间色彩搭配与设计。

（3）素质目标：锻炼学生综合运用色彩的能力，培养学生的综合审美能力。

教学建议

1. 教师活动

（1）课前准备：安排学生收集餐饮空间色彩设计的优秀案例，并分析和理解餐饮空间色彩设计方法。

（2）课中分析：通过餐饮空间色彩设计案例分析、对比与讨论，引导学生理解餐饮空间色彩设计的方法。

（3）课后总结：总结、梳理餐饮空间色彩设计的方法和技巧。

2. 学生活动

（1）通过分析餐饮空间色彩设计案例，理解餐饮空间色彩设计的方法和技巧。

（2）课堂上认真聆听教师讲解和分析，积极参与演示讨论，理解餐饮空间设计色彩搭配与设计的方法。

（3）通过完成课堂实训、课后资料整理及案例设计，巩固所学色彩设计知识点。

一、学习问题导入

  餐饮空间不仅要满足人们对饮食的需求，还要满足人们对用餐空间的环境诉求。要想营造舒适的就餐氛围，就离不开色彩的设计。餐饮空间中的色彩可以给用餐者带来不同的体验感。色彩作为餐饮空间设计的重要元素，不仅可以美化就餐环境，而且可以调节用餐者的情绪和心理，在一定程度上影响着餐饮空间中的消费行为。

二、学习任务讲解

1. 餐饮空间设计中色彩的作用

  （1）渲染餐饮空间主题。

  餐饮空间的主题是通过空间的装饰风格、造型、色彩、灯光、材料等要素表现出来的。其中，色彩具备丰富的情感特点，在空间情感表达方面的作用非常鲜明、直观。和谐的色彩关系可以更好地烘托空间的氛围，唤起人们的情感共鸣，强化餐饮空间的主题。例如用红色、橙色和黄色等暖色系的色彩来渲染热闹、欢快、喜庆、温暖的空间氛围；用绿色、蓝色等冷色系的色彩来渲染自然、和谐、清爽的空间氛围等，见图 2-14 和图 2-15。

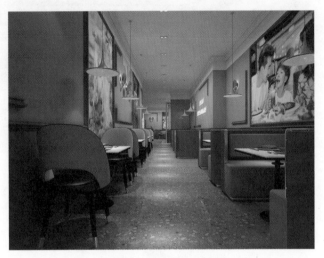

图 2-14　暖色系餐厅

图 2-15　冷色系餐厅

（2）调节餐饮空间层次。

餐饮空间设计时可以运用不同的色彩在视觉上形成层次感，使空间布局错落有致。在流动空间里，可以利用不同色彩，指示出不同的空间区域，引导视觉识别各个区域的方向与位置，并且创造出移步换景的效果。在同一空间中，可以利用背景色、主体色和点缀色的合理搭配，营造空间的层次感，图2-16是由北京同济冰珀建筑设计院设计的熙厨餐厅的宴会厅，以木纹色和米色为背景色，以白色为主体色，加入了不同纯度的蓝色和中国红作为点缀色，色彩的对比运用使空间的层次更加分明，空间感更强。

图2-16　宴会厅

（3）塑造餐饮空间品牌。

色彩可以塑造餐饮空间品牌，连锁餐饮公司一般都有自己企业的标准色，例如麦当劳的红色和黄色。色彩可以提升和强化餐饮品牌的市场附加值，打造餐饮品牌的独特性，图2-17是由深圳市森渡空间设计有限公司设计的北国饭店揭阳东山店，在黑、白、灰、棕的主色调中穿插朱砂红与绿植，体现了东方文化底

图2-17　北国饭店

蕴及中式风格气质，用中国传统建筑美学的造型和典型的色彩等要素，来解读"精致、健康、治愈"的生活与消费需求，为消费者提供品质化、场景化的精致体验。

（4）促进餐饮消费。

人类会根据视觉、听觉、嗅觉、触觉、味觉的不同产生不同的心理作用，人们的购买行为、购买意向和商品选择也会受到这五种感觉的影响。据相关调查，在餐饮行业中，视觉感受最为关键，而色彩又是视觉感受中最为敏感的因素，最能直接影响人们的食欲，激发潜在的消费欲望。我们可以通过环境色彩营造及餐饮空间的色彩设计，提升消费者的视觉体验感，激发消费者的购买欲望。图2-18所示的无锡万象城虾班打卡龙虾馆设计，大胆地利用材质和色彩的碰撞，将带有严肃情绪的工厂与躁动的科技感相结合，打破了"工作环境"给人带来的焦虑感，打造具有人情味的夜宵空间，带给人最纯真的美食体验。

图 2-18　虾班打卡龙虾馆

2. 餐饮空间设计中色彩搭配的方法

（1）同类色设计。

同类色是指同一个类型的色彩，例如黄绿色、草绿色、橄榄绿色，都是同一个类型的绿色。同类色在色相上的差别较小，搭配在一起能形成较为统一、协调的效果。同类色搭配能营造出舒适、和谐的环境氛围，减轻压力与疲倦感。图2-19所示是由深圳市艺鼎装饰设计有限公司设计的深圳原石·牛扒餐厅，空间中的墙面、卡座座椅和绿植采用不同明度和饱和度的绿色，营造出统一、和谐、宁静、舒适的用餐氛围。图2-20所示的瑞幸咖啡店用统一的浅粉色作为主色调，营造出浪漫、亲和、温馨的环境氛围。

图 2-19　原石·牛扒餐厅中的同类色设计

图 2-20　瑞幸咖啡厅中的同类色设计

（2）类似色设计。

　　类似色是指相近和相似的色彩，例如橙黄色和橙红色。类似色搭配既可以让空间协调、统一，又可以让空间富有层次，色彩更加丰富。在类似色设计中往往会采用一两个比较接近的浅颜色作为背景，使得整个空间色彩协调、统一，再设置纯度较高的色彩作为点缀色，这样就可以做到主次分明，重点突出。图 2-21 所示是上海 Oxalis 法式融合餐厅设计，在餐厅中使用浅木纹色作为背景色，白色的家具作为主体色，色彩丰富的壁画作为点缀色，这样的色彩搭配让餐厅统一中有变化，既不单调，也不显杂乱。

图 2-21　上海 Oxalis 法式融合餐厅的类似色设计

（3）对比色设计。

对比色是指色彩差异较大，呈现对比效果的色彩，例如黄色与蓝色、红色与绿色。对比色的色彩搭配效果鲜明、饱满、丰富，能营造出清新、明快的环境氛围，图2-22所示是Vesta纽约风味披萨店设计，其红色座椅、绿色墙壁和天花板的强对比色效果让人眼前一亮。设计师使用白漆橡木墙板和松木装饰板来调和对比色的刺激，由此形成简约大方的装饰效果，提升了餐厅整体的格调。图2-23所示的港式茶餐厅设计运用对比色搭配，将隔断屏风设计成五彩斑斓的半透明玻璃，让空间的色彩更丰富，极具装饰美感，也体现出香港多元的文化底蕴。

图2-22　Vesta纽约风味披萨店的对比色设计

图2-23　港式茶餐厅的对比色设计

三、学习任务小结

通过本次课的学习，同学们已经初步了解了餐饮空间中色彩搭配与设计的方法。在餐饮空间设计中，色彩设计不仅可以强化主题，突出视觉中心，还可以营造不同的环境氛围。课后，同学们要多收集餐饮空间色彩设计案例，逐步提高色彩搭配和设计技能。

四、课后作业

每位同学收集5套优秀的餐饮空间色彩设计作品，并分析其色彩搭配的方法。

餐饮空间设计照明与材料分析

教学目标

（1）专业能力：了解餐饮空间照明及材料的设计原理，以及设计方法。

（2）社会能力：能根据餐饮空间设计的风格，选用匹配的照明方式和装饰材料。

（3）方法能力：培养学生设计创新能力和设计应用能力。

学习目标

（1）知识目标：了解餐饮空间的照明和材料设计原理。

（2）技能目标：能够理解餐饮空间照明及材料的设计原理，并熟练运用到实践设计中。

（3）素质目标：养成严谨、细致的学习习惯，提高个人审美能力和设计创新能力。

教学建议

1. 教师活动

教师通过分析和讲解餐饮空间照明设计及材料应用案例，提高学生的设计实践能力。

2. 学生活动

认真领会和学习餐饮空间设计的照明原理及材料的应用；能创新性地进行餐饮空间设计案例的分析与鉴赏。

一、学习问题导入

各位同学，大家好！今天我们一起来学习餐饮空间设计的照明及材料两方面的知识。照明和材料是餐饮空间设计的两个重要元素。照明和材料的合理设计，可以让餐饮空间的氛围和视觉、触觉体验产生不同的变化，强化设计主题，美化就餐环境。图2-24所示为游园餐厅设计，其运用自然采光与人工照明的巧妙结合，使整个餐饮空间氛围更加温馨、自然。

图 2-24　游园餐厅设计

二、学习任务讲解

（一）餐饮空间照明分析

在餐饮空间设计中，空间的层次感、造型的立体感、色彩的显色性、材料的质感等审美要素只有通过照明，其效果才能得以体现。餐饮空间照明的一个功能是满足空间采光的需求，让空间足够明亮，使人能清晰地分辨食物；另一个功能是烘托空间的气氛，营造优雅的格调，美化就餐环境。餐饮空间的照明主要分为自然采光和人工照明。

1. 餐饮空间自然采光

自然采光是将自然光引进室内的采光方式。自然光的强弱、方向和颜色会随着昼夜、天气和季节的变化而变化。自然采光主要靠设置在建筑墙体和天花处的窗户来获取，采光效果主要取决于采光口的位置、面积、形状，覆盖洞口的透光材料性质以及邻近建筑、树木的遮挡程度等。采光口较大，自然采光充裕，会让室内空间更加明亮；采光口较小，自然采光有限，会让室内空间更加幽暗、宁静，富于戏剧效果，见图2-25和图2-26。

2. 餐饮空间人工照明

（1）餐饮空间常用人工照明类型。

图 2-25　利用天窗进行自然采光的餐厅

图 2-26　利用大面积的落地窗进行自然采光的餐饮空间

①直接照明。

直接照明是指90%以上的光线直接投射到被照射物体上的照明类型，如吊灯及射灯的直射照明，其光线直接照射在指定的位置上，用以突出主题，增加照度，见图2-27。

②间接照明。

间接照明是指60%以上的光线照射在被照射物体上，其他40%的光线通过折射或反射间接照射到被照射物体上的照明类型。间接照明的光线不会直射至界面，而是被置于墙面凹槽或天花内凹处，光线通过折射或反射照射到室内空间。这种照明类型适用于营造空间气氛，适用于休闲餐厅及咖啡厅等相对比较安静的餐饮空间。如图2-28所示，餐厅的天花上设置了很多半透明的磨砂玻璃盒，光线透过玻璃盒间接照射下来，产生柔和、朦胧的灯光效果，让餐饮空间的氛围更加温馨。

图 2-27 直接照明

图 2-28 日本千叶梦幻农场餐厅间接照明设计

（2）餐饮空间人工照明方式。

按照照度分布的差异，餐饮空间照明方式可以分为一般照明、局部照明和混合照明三种。

①一般照明。

一般照明是指为了照亮整个空间而采用的照明方式，这种照明方式让室内空间整体达到一定照度，可以满足空间的基本使用要求。一般照明通常是通过若干灯具的均匀布置和直接照射实现的，照度比较均匀。例如餐馆里的室内顶灯及吊灯等，都属于一般照明。

②局部照明。

局部照明是指为了满足某些区域的特殊照明需要，在一定范围内设置的照明方式。图2-29所示是深圳米其林餐厅设计，其采用局部照明的手法，营造出整体空间幽暗、宁静的就餐氛围。重点区域的灯光设计采用局部照明，让食客仿佛在感受一场美妙的音乐会，极大地放松了身心。局部照明的组织方式、安装部位相对灵活，采用固定照明或可移动照明均可，使用灯具的种类也很广泛。局部照明不仅可以为特定区域提供更为集中的光线，使局部区域获得较高的照度，突出重点，而且可以采用不同种类、不同照射效果的灯具，从而形成不同的光影效果，使空间层次更加丰富，见图2-30。

③混合照明。

混合照明是由一般照明与局部照明共同组成的照明方式。混合照明以一般照明为基础，在需要特殊光线的地方布置局部照明，见图2-31。

图 2-29　深圳米其林餐厅局部照明设计

图 2-30　餐厅招牌局部照明设计

图 2-31 混合照明设计

（3）餐饮空间常用灯具种类。

餐饮空间照明设计的最终效果是通过灯具实现的，同时灯具也是室内陈设的一部分，其造型和色彩可以装饰和美化餐饮空间。餐厅经常用到的灯具包括吸顶灯、吊灯、射灯、筒灯、嵌入式灯、导轨灯具、荧光灯盘、壁灯、落地灯、台灯等。吊灯常设置于餐厅空间的中心，是空间中最明亮的物体，往往成为空间的视觉中心，其造型和风格样式在很大程度上决定了餐厅的品位和档次。筒灯和射灯口径较小，外观简洁，可以实现重点照明。灯具按照使用的部位大体分为如下三类。

①顶面类灯具。

顶面类灯具有吸顶灯、吊灯、镶嵌灯、扫描灯、凹隐灯、柔光灯等。图 2-32 所示是波兰创意主题餐厅设计，其利用大量的吊灯、射灯和柔光灯，制造出繁星点点的灯光效果，营造出浪漫、温馨的就餐环境。

图 2-32　波兰创意主题餐厅灯具设计

②墙面类灯具。

墙面类灯具有壁灯、窗灯、穹灯等，照明方式大都为间接或漫反射照明。其光线比顶面类灯具的光线更为柔和，给人以恬静、清新的感觉，易于表现餐厅特殊的艺术效果，见图 2-33。

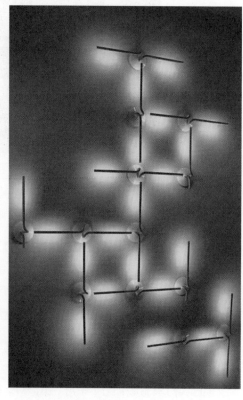

图 2-33　墙面类灯具设计

③便携式灯具。

便携式灯具是指可以根据需要调整位置的灯具，例如落地灯、台灯等。

图 2-34 所示是意大利亚洲美食餐厅设计，装饰性极强的灯具成为餐厅的视觉焦点，美化了就餐环境。

图 2-34 意大利亚洲美食餐厅灯具设计

（二）餐饮空间材料分析

1. 材料的分类

装饰材料种类繁多，餐饮空间常用装饰材料根据其性能大致分为木材、石材、金属、玻璃、瓷砖、塑料、涂料、织物、墙纸等，见表2-1。

表2-1　餐饮空间常用材料表

材料类别	优点	用途	分类	
木材	材质轻、强度大、弹性好，表面易于加工和涂饰	纹理自然、清晰，常用作饰面材料	天然木材	天然木材加工成的板材
			人造板材	胶合板、刨花板、防火板、木贴皮
石材	大理石品种繁多，纹理丰富、色彩多样；花岗岩质地坚硬、耐磨、耐压、耐火、耐腐蚀	大理石常用于室内地面和墙面装饰；花岗岩常用于内外墙和室内地面的铺设	天然石材	大理石、花岗岩
	人造石可塑性强，质感和肌理均匀，且比天然石材更加环保，颜色也更加多样	广泛用于厨房台面、服务台、吧台、墙面、柱子等局部装饰部分	人造石材	亚克力、水磨石、人造大理石
金属	铝材光亮、坚硬，具有现代感；铜给人华丽、复古的感觉，可以用来制作装饰品、浮雕、栏杆和五金配件；铁给人古朴、厚重的感觉	用于承重结构或者饰面材料		钢、不锈钢（分镜面不锈钢、雾面板、拉丝面板等）、铝材、铜、铁等
玻璃	光亮、坚硬、透明	从墙面、吊顶到栏杆、隔断和家具等，应用非常广泛		平面玻璃、彩色玻璃、钢化玻璃、磨砂玻璃、压花玻璃、夹丝玻璃等
瓷砖	光滑、坚硬、耐磨、耐腐蚀	主要用于地面、墙面铺贴		釉面砖、抛光砖、玻化砖和马赛克等
塑料	质量轻、可塑性强，耐腐蚀，绝缘性好	主要用于墙面装饰和天花吊顶		有机塑料、无机塑料
涂料	光洁、耐腐蚀、色彩丰富	主要用于墙面和天花涂饰		水性漆、油性漆、乳胶漆、调和漆、清漆、银粉漆等

2. 材料的使用

餐饮空间的材料主要有结构性材料、饰面类材料和技术功能性材料三类。

（1）结构性材料主要是指隐蔽项目所用材料。包括：分隔空间的墙体材料，如石膏板、细木工板等；隔断的骨架材料，如轻钢龙骨、木龙骨等；木地板下的基层格栅、吊顶的承载材料等。

（2）饰面类材料是指对室内环境起到装饰作用的材料。如光泽度比较高的镜面材料、金属和大理石等。图2-35所示是温州方糖茶餐厅设计，其主要采用艺术涂料、水磨石、镜面不锈钢、阳光板等材料，营造出虚实交融、节奏强烈的空间效果。图 2-36 所示是法国餐厅设计，其以镜面和抛光的不锈钢材料为主，营造出光亮、迷幻的空间效果。

图 2-35 方糖茶餐厅材料设计

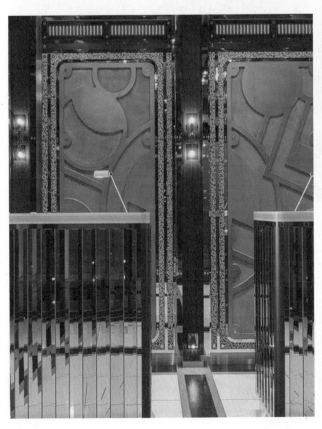

图 2-36 法国餐厅材料设计

饰面类材料还可以通过肌理和图案体现不同的材料特点，如木材、大理石表面的天然纹理，墙纸、布艺表面的图案等。图2-37所示为儿童餐厅设计，外观用冲孔铝塑板表现出抽象的节奏感和韵律感，并形成涟漪形状，环环相扣，满足孩子们好奇的心理。室内天花用亚克力板制作成波浪形状，充满动感。图2-38是深圳蛇口海上世界餐厅设计，此设计选用天然的竹编、藤编材料，营造出自然、休闲的空间环境。

（3）技术功能性材料是指用于改善室内环境的材料。这类材料可以改善室内本身的物理缺陷，创造宜人舒适的空间环境。例如用于室内采光和照明方面的光学材料；用于改善室内声学效果的声学材料；用于墙体和天花等部位的热工材料等。图2-39所示为巴塞罗那餐厅设计，在天花部分采用软性材料，既让灯光得到柔化，又让室内空间更加亲切、舒适。

3. 材料的用法与装饰效果呈现

相同的材料，采用不同的做法，可以得到完全不同的质感效果。根据餐厅设计主题和风格样式，可以利用各类装饰材料的性质，制造独特的装饰效果。图2-40所示的巴西餐厅设计，采用了木材、肌理漆、不锈钢、玻璃等材料，营造出简约、自然、朴实的空间效果。

图2-37　儿童餐厅材料设计

图 2-38 深圳蛇口海上世界餐厅材料设计

图 2-39　巴塞罗那餐厅材料设计

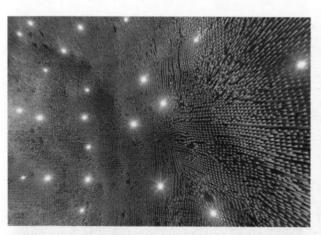

图 2-40　巴西餐厅材料设计

三、学习任务小结

通过本次课的学习，同学们初步了解了餐饮空间设计的照明设计与材料应用，通过对餐饮空间设计案例的分析与讲解，认识到照明与材料对于餐饮空间环境氛围的营造是至关重要的，照明可以改变餐饮空间的气氛和情调，也可以增添空间的层次感。材料的质感、造型、密度、面积等都会对餐饮空间设计产生影响。在选择材料时需要使用能够营造空间特色和能够产生心理效应的材料。课后，同学们要多收集相关餐饮空间设计案例，形成资料库，为今后从事餐饮空间设计积累素材和经验。

四、课后作业

每位同学收集 3 套优秀的餐饮空间照明设计案例，分别从一般照明、局部照明和混合照明着手进行归类，制作成 PPT 进行课堂交流与展示。

学习任务

四

餐饮空间设计软装饰搭配分析

教学目标

（1）专业能力：了解餐饮空间软装饰设计的要素，能利用软装饰设计要素进行餐饮空间软装饰设计规划。

（2）社会能力：培养学生资料收集、整合能力，提升学生项目跟进、协调、统筹能力。

（3）方法能力：培养学生综合设计能力和软装饰摆场能力。

学习目标

（1）知识目标：了解餐饮空间软装饰设计原则和要素。

（2）技能目标：能进行餐饮空间软装饰设计，并完成软装饰项目的现场陈列和摆场工作。

（3）素质目标：培养素材搜集、资源整合的能力，提高沟通表达能力和协同工作的能力。

教学建议

1. 教师活动

教师通过分析和讲解餐饮空间软装饰设计的原则和要素，培养学生的软装饰设计思维，提升软装饰设计能力。

2. 学生活动

认真领会和学习餐饮空间软装饰设计的原则和要素，收集不同风格餐饮空间软装饰设计的图片资料，完成相应的软装饰方案分析报告。

一、学习问题导入

各位同学，大家好！今天我们一起来学习餐饮空间设计的软装饰设计与搭配。首先我们来观察两张图片，见图 2-41 和图 2-42，分析一下这两张图分别运用了哪些软装饰设计元素和设计手法。

图 2-41　餐饮空间的软装饰设计 1

图 2-42 餐饮空间的软装饰设计 2

二、学习任务讲解

餐饮空间软装饰是指餐饮空间内可以移动的装饰元素，包括家具、灯具、布艺、工艺品、陈设品、挂画、绿植等。

1. 餐饮空间中软装饰设计的作用

随着物质生活的不断丰富，人们外出用餐已经不单是为了果腹，在就餐过程中对餐饮空间环境、文化内涵也有了较高的诉求。餐饮空间软装饰可以塑造空间形象，丰富空间内涵，打造空间气质，使人在用餐过程中产生情感共鸣，提升就餐时的愉悦感。具体来说，餐饮空间软装饰的作用有以下几点。

（1）营造美的空间氛围，带来品位独特、层次丰富的审美感受。

（2）通过其文化属性、情感属性的营造，给客户带来有仪式感的用餐体验。

（3）增强客户对餐饮品牌的认知度和认同感，培养客户的品牌忠诚度。

综上所述，餐饮空间中软装饰设计的价值在于，用趋于完美的风格表现和更有层次的美学体验，使餐饮空间与用餐者产生对话，让室内空间里的人不再只是获得单纯的用餐体验，而是在空间里感受到更加丰富的内涵，见图2-43。

2. 餐饮空间软装饰设计应遵循的原则

（1）比例与尺度。

比例是指数量之间的关系。其研究一种事物在整体中所占的分量，强调的是物与物的对比，如部分与部分、部分与整体之间的相对度量关系。在美学中，最经典的比例分配莫过于黄金分割比例。在设计中，可以用1:0.618

图2-43 新中式餐厅软装饰设计

的完美比例来规划餐饮空间。尺度强调的是物与人之间的关系，即人与物的对话中，由于体量的悬殊而产生的心理暗示。

（2）节奏与韵律。

节奏就是有规律的重复，即各要素之间具有单纯的、明确的、秩序井然的关系，并产生匀速有规律的动感。有规律的重复出现或有秩序的变化可以形成韵律感，韵律可以创造出各种具有条理性、重复性和连续性的美的形式，这就是韵律美。图2-44所示是由灯具、挂镜、家具的反复出现带来的节奏感。图2-45所示是由变化带来的韵律感。图2-46所示是由几何图形重复应用带来的韵律感。

图2-44 节奏感营造

图2-45 变化带来的韵律感

图2-46 重复的韵律感

（3）对比与调和。

对比是美的构成形式之一，其重点在于强调差异及冲突，并形成视觉焦点。在软装饰设计中，对比手法的运用无处不在，可以渗透到餐饮空间的各个角落，例如造型的曲直、疏密对比，光线的明暗对比、色调的冷暖对比、材质的粗细对比等，见图2-47和图2-48。对比让餐饮空间产生更多层次、更多样式的变化，从而演绎出契合不同饮食文化的用餐环境。但过多地强调对比，会带来空间的喧嚣感，使得餐饮空间显得杂乱无章。调和则是将对比双方进行缓冲与融合的一种有效手段。

图2-47 墙面造型的曲直对比

图2-48 墙面图案的肌理对比

3. 餐饮空间软装饰设计要素

在同质化严重的餐饮行业，餐饮空间在进行软装饰设计时需要考虑如何能从同类空间中脱颖而出。软装饰在氛围的营造上需契合餐厅的整体定位，凸显独特的饮食文化和品牌文化。另外，不可忽视细节的力量，如餐厅所使用的餐具、桌摆，及其饰品的选择，若能进行合理的搭配，则会获得令人耳目一新的效果。

餐饮空间软装常见要素包括家具、装饰字画、花艺绿植、窗帘布艺、灯饰、陶瓷、其他装饰摆件等。

（1）家具陈设。

由于餐饮空间的主要功能是为食客提供饮食，因此在餐饮空间的布置中，餐桌、餐椅占据主体地位。餐厅家具的款式、材质、颜色对餐厅的基调起着很大的作用，家具的风格与空间的整体风格要保持一致，同时要与整个室内装饰相互协调，见图2-49和图2-50。

图2-49 餐厅的家具配置1

图2-50 餐厅的家具配置2

（2）布艺搭配。

餐厅布艺包括台布、帘幔、墙布、地毯、壁挂等，需要根据餐厅装饰风格进行款式和材质的选择，如图2-51和图2-52所示，餐厅中的窗帘布艺更多地起到分隔空间、烘托气氛的作用。

（3）艺术品摆设。

工业风餐厅的软装饰选择需要遵循本真、自然的原则，一般多用外表冷峻、酷感十足的金属制品，老旧却摩登感十足的陶制或石材摆件，拥有天然纹路和斑驳质感的原木或皮革物件等，见图2-53和图2-54。日式餐厅中常用陶瓷、枯山水、竹帘、石灯笼、木器及书画来表达日式风格中的宁静与禅意，见图2-55和图2-56。

图 2-51　帘幔协调空间色彩

图 2-52　帘幔分隔空间

图 2-53　工业风餐厅1

图 2-54　工业风餐厅2

图 2-55　日式餐厅1

图 2-56　日式餐厅2

（4）灯饰的配置。

灯光在空间设计中是一个较灵活且富有趣味的设计元素，它可以渲染空间气氛，强化视觉焦点，加强空间层次感。灯具本身的造型样式可以削弱天花的单调感，并形成视觉中心，见图2-57～图2-59。

图 2-57　餐厅灯具设计 1

图 2-58　灯具划分就餐区域

图 2-59　餐厅灯具设计 2

（5）绿植的点缀。

绿植与软装饰设计中其他元素相比，有着独特的生长属性。绿植按大小可分为：小型植物，如文竹、仙客来等，适合做台面或窗台的盆栽摆设，或做壁饰、吊篮；中型植物，如君子兰、天竺葵等，可单独布置或与其他大、小植物组合在一起；大型植物，如榕树、橡皮树及棕榈科植物，一般在空间中做焦点植物，或在高大宽敞的空间中做点缀性植物。另外，在挑选绿植时也可以结合其株型、叶质、花色、花期进行组合搭配，见图2-60。

三、学习任务小结

通过本次课的学习，同学们初步了解了
餐饮空间软装饰设计的作用和设计原则，通
过对餐饮空间软装饰常用要素的讲解，以及
优秀设计案例的展示与分享，拓展了设计的
视野，提升了对餐饮空间软装饰设计的深层
次认知。课后，同学们要多进行设计史论、
色彩搭配、装饰材料等方面知识的补充，提
升软装饰设计方案的文化内涵。

四、课后作业

收集 3 套优秀的餐饮空间软装饰设计作
品，对其设计主题、风格定位、色彩搭配、
软装饰元素、物料使用进行分析，并制作成
PPT 进行展示与讲解。

图 2-60　餐厅绿植搭配

项目三
中餐厅设计训练

学习任务一　中餐厅设计要点分析

学习任务二　中餐厅设计案例分析

学习任务 一

中餐厅设计要点分析

教学目标

（1）专业能力：了解中餐厅设计的要点。

（2）社会能力：培养学生的设计专注力和自我学习能力。

（3）方法能力：收集中餐厅设计案例，开阔视野，提升设计创新能力。

学习目标

（1）知识目标：掌握中餐厅设计的要点和各个功能区域的设计方法。

（2）技能目标：能进行中餐厅各功能区域的设计规划。

（3）素质目标：理解中餐厅功能布局，掌握中餐厅的流线设计和各功能区域的设计要点。

教学建议

1. 教师活动

（1）教师通过分析和讲解中餐厅空间的外观设计、室内空间功能分区设计、软装饰与陈设设计，提高学生的中餐厅设计创新能力。

（2）提取中国元素融入中餐厅设计中，引导学生运用发散思维进行中餐厅设计。

2. 学生活动

（1）学生在课堂通过老师的讲解，分组对优秀的中餐厅空间设计案例进行展示和讲解，训练语言表达能力和设计创新能力。

（2）结合课堂学习选择相关书籍阅读，拓展中餐厅空间设计能力，课后大量阅读成功的设计案例，提高对相关设计案例的分析与鉴赏能力。

一、学习问题导入

各位同学，大家好！今天我们一起来学习中餐厅空间设计要点。由于国家和民族文化背景的不同，中国和西方国家在餐饮方式及习惯上有很大的差异性。总体来说，中国人比较喜欢群体活动，重人情，常用圆桌吃饭，讲究热闹、欢快的就餐气氛营造。中国是一个多民族国家，存在着地域上的饮食差异，因此，中餐厅是一个很宽泛的概念，有着多样化的饮食文化特色。

中餐厅在设计中常将中国传统文化和装饰符号、图案进行合理应用，如明清家具、宫灯、斗拱、石墩、木格栅、屏风、书画、传统纹样装饰图案等；也常将中国传统园林艺术的空间划分形式，如借景、移步换景、内外沟通等手法应用于空间的组织之中。

二、学习任务讲解

1. 中餐厅的外观设计

对于现代餐饮空间发展而言，中餐厅的外观设计已经不仅仅停留在中国传统古典门楼样式的形象上，越来越多的中餐厅倾向于简洁明快的外部形象设计，通过外部形象呈现主题，吸引食客。外观设计就像人的脸面一样，向顾客传递着餐厅的风格、品质和特色。在中餐厅外观设计上，首先要突出餐厅的招牌，可以用装饰性的文字和图案来设计招牌和餐厅标志，再辅以灯光进行强调，让招牌醒目、明亮。其次，如果是连锁型的中餐厅，要让室内和室外有效地贯穿和连通，让室外的人看到室内就餐的顾客，营造出人气旺的效果；如果是会所型的高级中餐厅，则要注意私密性的打造，其外观可以设计为精致的景观园林效果，见图 3-1 和图 3-2。

图 3-1　会所型中餐厅外观设计

图 3-2　连锁型中餐厅外观设计

2. 中餐厅的空间功能区设计

中餐厅的功能区包括前厅（含收银功能）、大堂、包间、厨房、卫生间等。各功能区可以按照起始区域、过渡区域、核心就餐区域、备餐区域的空间序列进行规划，保证餐饮动线的顺畅和功能区域的有效衔接。

（1）前厅设计。

入口的前厅是外部空间与餐厅的过渡区，在功能上起着集散人流的作用，也是顾客临时休息、候餐的场所。前厅的主要区域可以设置咨客台、收银台和酒柜，也可以设计装饰性背景墙或绿化景观，以及沙发、茶几、休闲座椅等，起到引导和接待顾客的作用，见图3-3和图3-4。

图3-3　中餐厅前厅设计1

图3-4　中餐厅前厅设计2

（2）大堂设计。

大堂是中餐厅的主要就餐空间，一般用于接待散客或举办宴会。在酒店式中餐厅大堂设计中，散座区通常采用圆桌，小的为8人桌，一般为10人桌，大的为12人桌。在举办宴会时，圆桌相对集中，便于形成热闹的气氛。此外，酒店式中餐厅大堂还可以设置龙凤台，寓意"龙凤呈祥"，方便举办婚宴、庆典、寿宴等活动，见图3-5。

连锁式中餐厅的大堂则可以通过一定的隔断，设计出相对独立的就餐区域，保证各区域的相对独立性和私密性。连锁式中餐厅的大堂是整个中餐厅最为集中的就餐区域，空间开阔，能集中体现中餐厅的设计风格和格调。可以在立面装饰和天花设计中进行主题设计，综合运用装饰材料、灯光照明和软装饰陈设营造空间氛围，表现出大堂空间庄重、大方的视觉效果，见图3-6。

（3）卡座区设计。

卡座区为顾客提供了半私密性的空间，其一般分布在中餐厅的靠窗或靠墙位置。在进行空间设计时，可以采用屏风、栏杆、木格栅等进行隔断，也可以通过地面的高差进行区域划分。苗厨·食忆卡座设计见图3-7。

图 3-5 酒店式中餐厅大堂设计

图 3-6 连锁式中餐厅大堂设计

图 3-7 简厨·食忆卡座区设计

（4）包间设计。

　　包间是中餐厅中最为私密的就餐区域，按照面积大小，可以分为小型包间、中型包间和大型包间。小型包间一般能满足 5 ～ 6 人就餐，中型包间能满足 6 ～ 8 人就餐，大型包间能满足 10 ～ 12 人，甚至 20 人就餐，并设有专门的备餐间和独立卫生间。传菜员从走廊将饭菜送至备餐间，包间内的服务员再由窗口将饭菜送至餐桌上。备餐间面积一般为 3 ～ 4m²。有些大包间可同时设置两桌，以满足更多就餐人数的需求。为了增加使用上的灵活性，两桌中间有可活动的隔断，可以两桌合用或形成相对独立的临时单桌包间。

　　包间的用餐环境较为舒适、雅致，设计时需要对立面造型进行精致的设计，并配合灯光和装饰陈设共同营造空间氛围。设计中餐厅包间时，要融入更多的中国元素，如可以将琴棋书画或屏风、木格栅、漏窗等中国传统装饰元素作为设计符号融入其中，增强主题效果。灯光的渲染在中餐厅包间设计中非常重要。吊灯、壁灯在样式上要与中餐厅的主题一致，灯光的照度要柔和、明亮，既要考虑空间氛围的营造，又要保证菜品的色彩还原。可以选择一种主灯光，再铺以装饰性的反射光，灯管要用暖色调，这样可以使用餐时的气氛更加温馨、亲切。中餐厅包间设计见图 3-8 和图 3-9。

图 3-8　中餐厅包间设计 1

图 3-9　中餐厅包间设计 2

（5）收银区设计。

收银区通常会设置在前厅入口处，兼具收银、提供酒水等功能。收银台的大小视餐厅规模而定。收银台的后面可设置酒水柜，用来陈列各种酒水和饮料。柜台与酒柜之间保持一定的距离，以便服务员在其间活动。收银区设计见图3-10。

图3-10　收银区设计

3. 中餐厅的软装饰设计

中餐厅给人的氛围可喜庆祥瑞，亦可清新优雅，因此在空间氛围的营造和选材方面需要综合考虑。在空间的分隔上，可考虑具有中国传统风格的隔扇、落地罩、屏风、花格等，也可用景窗、漏窗等装饰墙面。在选材方面，以自然的石材、木材、竹、砖、瓦等为主，通过材料本身的质感表现中式餐饮空间质朴、自然的风格。

（1）陈设设计。

中餐厅的陈设可以与地域文化和菜系产生关联，陈设品可用特色的民间工艺品，如盆景、木雕、石墩、瓷器、陶器、刺绣等；也可以将中国画、书法作品装裱后作为挂画，见图3-11和图3-12。

（2）家具设计。

桌椅是中餐厅重要的装饰元素，中餐厅大多会选用木质的桌椅，木材质感和纹理丰富，具有自然气息，与中国传统文化中崇尚自然的理念相吻合。中式风格家具以明清家具为代表，其中又以明式家具使用较多。明式家具造型简练、以线为主、结构严谨、做工精细、装饰适度、繁简相宜、木材坚硬、纹理优美，代表性的样式有圈椅、官帽椅、灯挂椅等。随着时代的发展和文化的多元化趋势，中餐厅也常选用现代简约风格的餐桌椅，见图3-13和图3-14。

图3-11　点卯小院儿中餐厅陈设设计

图 3-12　成都某中餐厅陈设设计

图 3-13　中餐厅餐桌椅设计 1

图 3-14　中餐厅餐桌椅设计 2

三、学习任务小结

　　通过本次课的学习，同学们初步了解了中餐厅设计的设计要点，通过对中餐厅设计要点的分析与讲解，以及优秀中餐厅设计案例的展示与分享，开拓了设计的视野，提升了对中餐厅设计的认知。课后，同学们要多收集相关的中餐厅设计案例，提升个人设计创意能力和设计实践能力。

四、课后作业

　　每位同学收集 5 个优秀的中餐厅设计方案，并制作成 PPT 进行分享。

学习任务 二　中餐厅设计案例分析

教学目标

（1）专业能力：能进行中餐厅设计案例的分析。

（2）社会能力：通过对中餐厅设计案例的学习与训练，培养学生的中餐厅设计能力。

（3）方法能力：设计思维能力、设计创新能力。

学习目标

（1）知识目标：掌握中餐厅设计案例的设计理念。

（2）技能目标：能够设计和绘制出充满创意的中餐厅设计方案。

（3）素质目标：能够大胆表述出自己的设计创意。

教学建议

1. 教师活动

（1）教师通过中餐厅案例的分析与讲解，启发和引导学生理解中餐厅的设计方法。

（2）遵循教师为主导、学生为主体的原则，结合中餐厅设计案例，将多种教学方法，如分组讨论法、现场讲演法、引导法等进行有机结合，激发学生的学习积极性，变被动学习为主动学习。

2. 学生活动

（1）学生在课堂通过老师的指引，自行分组对优秀的中餐厅设计案例进行讲解，训练语言表达能力和设计思维能力。

（2）结合课堂学习选择相关书籍阅读，拓展中餐厅设计的理论知识，课后大量阅读成功的设计案例，提高设计表现能力。

一、学习问题导入

各位同学，大家好！今天我们一起来分析中餐厅设计案例。优秀的中餐厅设计总是具有一定的创新设计理念，并在遵循实用的基础上，表现出中餐厅特有的设计创意和餐饮文化。优秀的设计师可以通过对设计案例的分析，总结出设计方案的立意、设计创新点和表现技巧等，提高自身的设计能力和水平。

二、学习任务讲解

案例一——上海青浦铂尔曼酒店中餐厅设计

项目地点：上海市。

建筑面积：33630m²。

设计师：吴刚。

设计机构：北京万景百年室内设计有限公司。

项目定位：传统艺术与建筑擦出的火花，使室内既拥有现代感，又具有传统文化底蕴，并展现出独特的当地文化魅力。

空间布局：延续海派文化，将青浦的人文历史融入设计中，稍纵即逝的"古典的幽美"与"现代的时尚"巧妙结合。

设计选材：精心挑选的装饰材料与面料体现出沪剧赏心悦目的视觉效果，表现出上海歌剧的优雅感。精致的家具让餐厅空间更有特色，传统优雅与现代便利完美融合，精致的装饰风格体现出上海的细腻之美。

该设计见图 3-15 和图 3-16。

图 3-15　上海青浦铂尔曼酒店中餐厅设计 1

图 3-16　上海青浦铂尔曼酒店中餐厅设计 2

案例二——阿丽拉安吉酒店中餐厅设计

项目地点：浙江湖州。

建筑面积：23000m²。

设计师：钱晓宏、黄永明。

设计机构：苏州工业园区宏观致造空间设计工作室。

项目定位："阿丽拉"源自梵语，意为"惊喜"，十分贴合酒店独一无二的个性。阿丽拉选择了安吉，一个舒适美丽的地方，层峦叠嶂，翠竹绵延，青山隐隐，绿水滔滔，黛色烟雨。阿丽拉安吉酒店依山傍水，设计结合安吉县当地自然环境特点，将山水、竹林等自然元素融入其中。景观环境也最大限度结合已有的环境状况，将最好的视觉感受保留下来。

本设计以木材为主材，局部运用了安吉当地特有的竹材料，通过工艺处理形成部分空间的顶面和墙面造型。在空间布局上，将中国传统绘画中的"密不透风，疏可跑马"的构图美学充分发挥出来，形成了禅学中的"有"与"无"意境。设计师希望通过形而下的形态、色彩、材质和灯光，将整个空间上升到形而上的精神领域。

该设计见图3-17～图3-19。

图3-17　阿丽拉安吉酒店中餐厅入口与前厅设计

图3-18　阿丽拉安吉酒店中餐厅大堂设计

图 3-19 阿丽拉安吉酒店中餐厅包间设计

案例三——椰客餐厅设计

项目名称：椰客（广州·云里店）。

项目面积： 270m²。

项目位置：广州市白云区百顺北路云里户外下沉广场 b1-9。

项目用材：洗米石、木色面、金属、涂料、肌理漆。

设计公司：深圳市艺鼎装饰设计有限公司。

项目定位：本设计以"椰子树下"为灵感，椰树、将椰子、椰子苗等作为设计元素，共同构筑出一个椰林海岸休闲度假的餐饮情境空间。

该设计见图 3-20 和图 3-21。

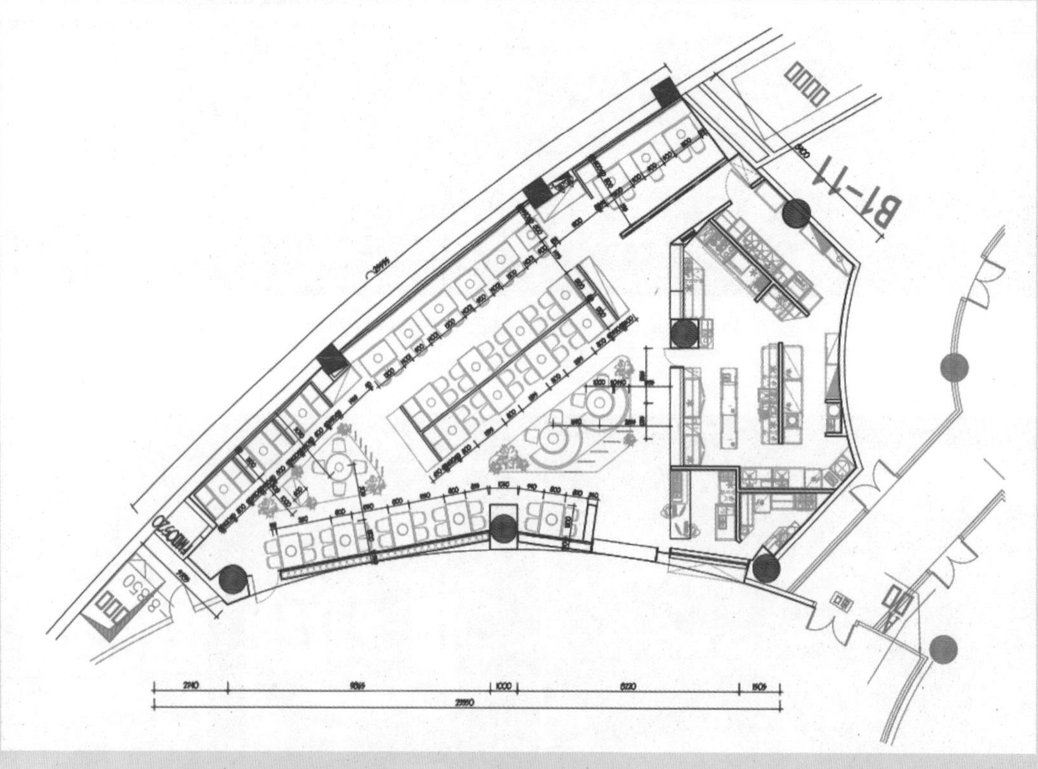

图 3-20　椰客餐厅平面布置图

图 3-21　椰客餐厅门头

　　繁星点点的幕墙下，标志性的椰壳门头，在蓝紫色灯光的照射下，营造出浪漫的海岸场景（图 3-21）。餐厅外立面的椰客 LOGO 的造型，巧妙地将品牌 VI 视觉效果和餐厅空间形态融为一体，视觉识别度高。门头材质运用光亮的咖啡色不锈钢和透明玻璃，表现出现代时尚的气质。

　　走进餐厅，经过重新造型设计的"椰树"形象十分突出，经由切割后抽象化的椰树形态，在餐厅里层层掩映，丰富着空间层次感。抽象化的"椰树"错落有致，如一个个画框分隔了空间，形成了局部的区域感（图 3-22、图 3-23）。

　　从椰子门走进餐厅的那一刻，就仿佛步入了海滩。绿色的椰子苗被放大，默默吸收噪声，提升空间舒适度。融入椰客品牌的肌理装饰墙面，增添了空间的细节。无处不在的椰子元素强化了品牌记忆，并和空间完美渗透、融合（图 3-24、图 3-25）。

图 3-22　椰客餐厅空间造型设计 1

图 3-23　椰客餐厅空间造型设计 2

图 3-24　椰客餐厅造型灯具设计

图 3-25　椰客餐厅用餐区设计

案例四——尽膳口福中餐厅设计

项目地点：西安中大国际。

设计公司：FUNUN LAB 空间设计研究室。

设计师：范杰。

项目面积：340m²。

主要材料：木饰面、黑色石材、竹条、夹丝玻璃、竹席。

设计理念：跷脚牛肉来自民间，一把挑子一口锅就能飘香万里。没有座位的食客总把一只脚蹬在桌下横梁上，遂有"跷脚"之名。尽膳口福跷脚牛肉创始于1907年，凭着一锅清醇、滋补的牛肉汤和一缕含蓄香醇的真味传承四代。如今尽膳口福走出蜀地，就是要把地道的乡土美食与现代餐饮文化相结合，让大都市的食客能够跨时空地感受到属于四川乐山的市井香气。设计师四次入川，从品牌形象到家具、器皿全部做了整体的设计，用经典元素铸造出品牌气质，让"跷脚坐食、浑然忘我"的氛围在这里灵动流淌。该设计见图3-26和图3-27。

项目层高有六米，得天独厚的层高给了设计师发挥灵感的空间，也带来了一定的挑战。对于餐饮来说，空间太过空旷容易使人感觉疏离和冷寂，处理不好又容易零碎。因此，设计师希望找到一个装置艺术的手法来达到统领空间的目的。

乐山有句俗语，"有钱没钱，一碗跷脚就是一天"，传达了蜀人天生的闲适、自在、乐观的生活态度。设计师也想将这一份随性通过空间设计表达出来。少一些条条框框的棱角，多一些圆润、通达。经过多次尝试，构建出了空间布局的弧形交通主动线，并通过天花的弧形装饰造型进行呼应。平立面弧线顺势而起，又延伸至不同的方向，恰巧呼应乐山福地三江汇流的景象（图3-28）。

从蜀地的生活中挖掘出的三种日常材料给灰色的空间增添了温度，恬淡、宜人的布料，柔韧、滑凉的竹席，天然质朴的木饰面，如百川奔涌向前，极具生命力。灯光与造型交相辉映，增强了空间的虚实感和层次感，光晕柔和而灵动，使原本高挑的空间不再显得空旷。食客步入餐厅中仿佛置身于一个艺术空间内。

宁可食无肉，不可居无竹。设计师利用原本略有缺口的平面，顺势将竹格栅设计成弧形，延伸出灵动又有规律的空间形态，两侧的弧形向店内延展，起到视觉引导作用（图3-29）。而门厅处富有生活气息的竹筐结合精致的珠宝射灯，达到一种新旧之间有效连续的效果（图3-30）。

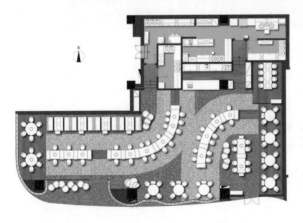

图3-26 尽膳口福餐厅平面布置图

图3-27 尽膳口福餐厅门面设计

图 3-28　尽膳口福餐厅弧形天花设计

图 3-29　通透的栅格造型设计

图 3-30　石材和竹筐元素

三、学习任务小结

　　通过本次课的学习，同学们需要注意在中餐厅设计过程中，细部设计关乎顾客对餐厅的整体印象。此外，从顾客走入餐厅那一刻起到就餐完毕离开餐厅，整体空间流线的设计都应该顺畅，且要尽量做到移步换景的效果。课后，同学们要多收集中餐厅设计案例，并仔细分析其中的设计手法和技巧。

四、课后作业

　　以小组形式进行，每小组收集 2 个优秀的中餐厅设计方案，分析出方案中的功能和美学层面的关系，整理并制作成 PPT 进行分享。

项目四
西餐厅设计训练

学习任务一　西餐厅设计要点分析

学习任务二　西餐厅设计案例分析

西餐厅设计要点分析

教学目标

（1）专业能力：了解西餐厅设计的基本概念，掌握西餐厅设计的方法。

（2）社会能力：培养学生热爱生活、观察生活、细心严谨的生活态度。

（3）方法能力：培养学生设计思维能力和设计创新能力。

学习目标

（1）知识目标：了解西餐厅设计的注意事项和基本设计原则。

（2）技能目标：掌握西餐厅的设计方法。

（3）素质目标：培养严谨、细致的学习习惯，提高设计作品细节水平。

教学建议

1. 教师活动

教师通过分析和讲解西餐厅设计的基本概念和设计案例，培养学生的设计实践能力。

2. 学生活动

认真领会和学习西餐厅设计的基本概念和设计方法，能进行西餐厅设计案例的分析与鉴赏。

一、学习问题导入

各位同学，大家好！今天我们一起来学习西餐厅设计的基本概念和设计方法。西餐厅以优雅的环境、考究的家具、精美的饰品，受到越来越多人的青睐。不论是奢华、复古的高档大型西餐厅，还是别具一格的小型西餐吧，都体现出雅致、浪漫的品质。

二、学习任务讲解

1. 西餐厅设计的基本概念

西餐因其特定的地理位置而得名。"西"是西方的意思，一般指西欧各国。我们通常所说的西餐不仅包括西欧国家的饮食菜肴，同时还包括东欧各国，也包括美洲、大洋洲、中东、中亚、南亚次大陆以及非洲等国的饮食。西餐一般以刀叉为餐具，以面包为主食，多以长形桌台为台形。西餐的主要特点是主料突出、形色美观、口味鲜美、营养丰富、供应方便。

中国当代最早的西餐厅是20世纪80年代皮尔·卡丹在北京开设的马克西姆餐厅，这个餐厅不仅提供西式菜肴，还时常表演时装秀、演出摇滚乐等。餐厅内有树叶状的吊灯和壁灯，墙上有鎏金藤图案、水晶镜、彩画玻璃窗以及来自卢浮宫的装饰壁画，使人仿佛置身于18世纪法国巴黎的豪华宫殿。目前，中国的西餐厅越来越多，代表性的有法国的福楼、美国的星期五、上海的红房子等西餐厅。北京马克西姆餐厅见图4-1。

图4-1 北京马克西姆餐厅

2. 西餐厅的特点

（1）仪式感较强。

西餐文化非常重视仪式感，当你走进西餐厅时，服务员会先领你入座，待坐好后，会送上菜谱。菜谱被视为西餐厅的门面，一般采用好的材料做菜谱的封面，有的甚至用软羊皮打上各种花纹，显得格外典雅、精致。点菜完成后，服务员会送上餐具，餐具包括刀叉、碗碟、酒杯等。使用刀叉进餐时，从外侧往内侧取用刀叉，要左手持叉，右手持刀；切东西时左手拿叉按住食物，右手执刀将其切成小块，用叉子送入口中。使用刀时，刀刃不可向外。进餐中放下刀叉时应摆成"八"字形，分别放在餐盘边上。刀刃朝向自身，表示还要继续吃。每吃完一道菜，将刀叉并拢放在盘中。如果是谈话，可以拿着刀叉，无须放下。不用刀时，可用右手持叉，但若需要做手势时，就应放下刀叉，千万不可手执刀叉在空中挥舞摇晃，也不要一手拿刀或叉，而另一只手拿餐巾擦嘴，也不可一手拿酒杯，另一只手拿叉取菜。

（2）环境优雅，氛围温馨。

西餐厅讲究环境优雅，气氛和谐。餐厅内常有音乐相伴，桌台和餐具整洁干净，如遇晚餐，要灯光暗淡，桌上要有红色蜡烛，营造一种浪漫、迷人的气氛。西餐厅的装饰风格很多，包括欧式古典风格、美式乡村风格、后现代工业风格等，见图4-2和图4-3。常用的装饰材料包括砖块、油漆、水管、仿古砖、木饰面等。

（3）极具异域情调。

西餐厅融合了不同的西方文化，各种西方装饰风格相互渗透和交融，具有强烈的异国情调。室内陈设常用人物雕塑，巴洛克或洛可可风格的家具、灯具和陈设品，温暖、融合的色彩，彩色玻璃窗等，见图4-4。

图 4-2 欧式古典风格西餐厅

图 4-3 美式乡村风格西餐厅

图 4-4 西餐厅陈设

3. 西餐厅设计的现代美学

（1）在功能上体现出多样性，例如出现了以休闲聊天为目的的咖啡西餐厅、自助西餐厅。这类西餐厅以休闲聚会和交谈为主，以就餐为辅。

（2）在装饰上体现时尚感，例如运用艺术雕塑、艺术吊顶、绿植、灯光等营造时尚、舒适的空间氛围，见图4-5。

（3）空间划分更加灵活，常使用大量定制化家具。更加注重与自然的结合，营造自由、休闲的空间效果，见图4-6。

图4-5　牛排西餐厅设计

图4-6　休闲西餐厅设计

4. 西餐厅的功能区划分与设计

（1）用餐区。

用餐区满足基本的用餐需求，包括自助取餐区、座位区、明厨区、钢琴演奏区、景观区等。

（2）娱乐与休闲区。

娱乐与休闲区满足人们交流的需求，包括小吧台、酒廊、表演区等。

（3）商务洽谈区。

安静优雅的西餐厅是商务交流的重要场所，很多西餐厅会制作专门的隐私隔断、包间、行政酒廊等。

（4）厨房区。

①封闭式厨房：设置冷藏间、储物间、备餐间、餐具室、外卖窗口等。

②半封闭式厨房：将部分烹饪过程主动展示给客人看，增加饮食情趣。例如展示西餐厅特色烹饪和加工技巧的冰淇淋甜品区、吧台饮品区、沙拉台等。

③开放式厨房：专门设置烹饪展示设备，例如海鲜或西餐，由厨师为专属顾客表演烹饪食材的过程。

（5）西餐厅功能区设计。

①西餐厅常见功能区有厨房、出入口、收银台、洗手间、客席、吧台、交通空间、展示区、表演区等。

②西餐厅的厨房最小面积参照建筑常用规范，厨房面积比例占总面积的 30% ~ 40%。对于厨房的功能设备设置需要和厨师沟通后再进行设计。西餐厅的原材料、食品、垃圾搬运的出入口要与厨房连接，与就餐区隔离。

③客席一般设置在客人的用餐观赏区域最佳的位置，同时，也是室内采光、通风、景观的最佳区域。

④客席的尺寸需要按照人体工程学和西餐厅业态而定，例如，以咖啡饮料为主的西餐厅，一般情况下桌椅的尺寸较小；但是以西餐饮食为主的西餐厅，桌椅的尺寸就要大一些。西餐厅的设计风格定位为华丽、奢华的情况下，桌椅尺寸也要更大一些。四人客席餐桌尺寸为宽 1200mm，长 1800mm；两人客席餐桌尺寸为宽 500 ~ 650mm，长 1800 ~ 2100mm。西餐厅是以 2 ~ 3 人为一组，客席的组合形态有竖形、横形、横竖组合形和点形等，可以根据西餐厅的规模和设计风格来变化各种客席桌椅的形态。

⑤交通空间的服务路线要尽量简短，这样方便后厨上菜和传菜，一般主通道宽 900 ~ 1200mm，副通道宽 600 ~ 900mm，客席之间的通道宽 400 ~ 600mm，特别情况下客席通道宽度也可以是 750mm。

⑥前台、收银台的位置通常安排在入口处，一般正对或侧对入口，这样可以使服务员更方便迎接客人，并引导客人入席。

⑦西餐厅需要配备洗手间，通常安置在客席的里侧位置。洗手间的数量根据客席数量而定，如果客席在 50 席左右，应当配备 1 个洗手间。另外，根据西餐厅的面积还可以配置女性化妆间。

⑧酒吧区、表演区一般设置在西餐厅的中心区域，和就餐区分开，顾客可以单独饮酒，也可以将酒吧区作为总服务台、餐具柜、收银台。如果西餐厅兼顾宴会功能，则必须要设置表演区。

5. 西餐厅空间设计

（1）空间划分。

西餐厅可以用地面高差搭配吊顶来划分空间；也可以通过不同的地面材料组合来划分空间；还可以通过装饰性隔断来分隔空间，形成相对独立的区域。另外，西餐厅可以利用家具、沙发座的靠背形成比较明显的就餐单元，达到空间划分的目的，也可以利用光线的明暗程度来进行空间划分，并创造柔和的就餐环境。

（2）西餐厅装饰设计。

西餐厅的装饰设计首先要体现主题风格，营造优雅、浪漫的西式风情。墙面造型常用连续的拱券形，柱子采用欧式古典的罗马柱，墙体下方装饰木墙裙，上方可以用红砖或肌理漆，搭配欧式壁灯和带画框油画。天花装饰欧式刻花石膏线条，搭配欧式水晶吊灯或复古的铜质吊灯。

西餐厅的布艺常用碎花或条纹的桌布、台布、椅套，窗帘常用水波纹形状的拉帘，墙壁采用具有欧式风情图案的墙纸或墙布。为营造优雅的就餐环境，西餐厅常用花艺、绿植、啤酒桶、舵与绳索、剑、斧、刀、枪等装饰环境。

西餐厅装饰设计见图 4-7 ~ 图 4-9。

图 4-7　西餐厅装饰设计 1

图 4-8　西餐厅装饰设计 2

图 4-9　西餐厅装饰设计 3

（3）西餐厅照明和色彩设计。

西餐厅的照明光线要柔和，烘托出温馨、浪漫的气氛。直射光应用较少，多采用反射光或漫反射光。灯具也多设置为带有磨砂灯罩的灯饰。西餐厅室内部分区域可以进行重点照明，以获取特殊的艺术效果，如利用射灯重点照射墙面的装饰画或工艺品。西餐厅的色彩以温暖、雅致的暖色调为主调，红色、黄色、咖啡色是常用且面积较大的色彩。

三、学习任务小结

通过本次课的学习，同学们初步了解了西餐厅设计的基本概念和方法。通过西餐厅设计要点和设计案例的分析与讲解，开拓了设计视野，提升了对西餐厅设计的深层次认识。课后，同学们要多收集相关的西餐厅设计案例，形成资料库，为今后设计积累素材和经验。

四、课后作业

每位同学收集 5 套西餐厅设计案例，并制作成 PPT 进行展示。

学习任务 二

西餐厅设计案例分析

教学目标

（1）专业能力：能分析和鉴赏优秀西餐厅设计案例。

（2）社会能力：能深入西餐厅体验设计。

（3）方法能力：设计分析能力、设计创意理解能力。

学习目标

（1）知识目标：能归纳和总结优秀西餐厅设计的方法和技巧。

（2）技能目标：能进行优秀西餐厅设计案例的分析和鉴赏。

（3）素质目标：培养严谨、细致的学习习惯，提高设计分析表述能力。

教学建议

1. 教师活动

教师通过分析和讲解优秀西餐厅设计案例，提高学生的设计鉴赏能力。

2. 学生活动

认真领会和学习优秀西餐厅设计案例的方法和技巧，能进行西餐厅设计案例的分析与鉴赏。

一、学习问题导入

各位同学，大家好！今天我们一起来分析优秀西餐厅设计案例，了解不同风格类型的西餐厅的设计方法和装饰技巧，并从功能空间、界面造型、色彩、照明、采光、材料选择等方面对西餐厅设计进行分析。

二、学习任务讲解

案例一——丹麦哥本哈根西餐厅设计

本案例的设计风格为现代简约风格，家具选用北欧现代简约风格的软木家具，采光较差的空间墙面和地板选用木饰面和实木地板，营造出宁静、舒适、惬意的空间氛围。采光较好的空间则选用蓝色条纹墙纸搭配几何形图案瓷砖，营造出欢快、浪漫的空间氛围。餐厅中的吊灯造型圆润，打破了以直线条为主的空间的单调感，为空间增添了情趣，具体见图 4-10 ~ 图 4-12。

图 4-10　丹麦哥本哈根西餐厅设计 1

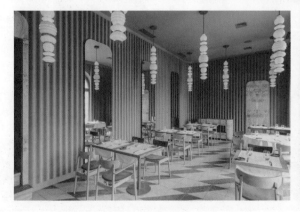

图 4-11　丹麦哥本哈根西餐厅设计 2

图 4-12　丹麦哥本哈根西餐厅设计 3

　　本案例的设计风格为欧式古典风格，天花和墙面均采用欧式经典的复古造型样式，如拱券、罗马柱、勾花铁艺、彩色玻璃穹顶等。室内色彩以金色、红色、黄色为主调，营造出金碧辉煌、奢华大气的效果。空间层高较高，减少了空间的压抑感，打造出空间庄重、典雅的品质。餐厅中的细节非常丰富，选用质感和肌理较为明显的大理石和瓷砖，让空间表现出精致、细腻的装饰效果，具体见图 4-13 ~图 4-16。

图 4-13　北京四季酒店西餐厅设计 1

图 4-14　北京四季酒店西餐厅设计 2

图 4-15　北京四季酒店西餐厅设计 3

图 4-16　北京四季酒店西餐厅设计 4

案例三——ROLLS 西餐厅设计

　　本案例的设计风格为欧式古典浪漫主义风格，天花、墙面和地面装饰采用重复形式的线条板、瓷砖、防腐木地板，室内色彩以白色、黄色和咖啡色为主调，搭配紫色的灯光，营造出室内温馨、浪漫、怀旧、优雅的品质和氛围。空间用材粗犷、质朴，表现出自由、野性的空间效果，具体见图 4-17 ～图 4-19。

图 4-17　ROLLS 西餐厅设计 1

图 4-18　ROLLS 西餐厅设计 2

图 4-19　ROLLS 西餐厅设计 3

案例四——西班牙航海西餐厅设计

    本案例的设计风格为现代自然主义风格，室内空间用大量竖向不锈钢铜条分隔空间，并在铜条之间插入绿植，让整个室内空间显得栩栩如生，充满生机和活力。室内色彩以绿色、蓝色和黄铜色为主调，营造出室内清新、休闲、舒适的空间氛围，具体见图 4-20 ~ 图 4-22。

图 4-20　西班牙航海西餐厅设计 1

图 4-21　西班牙航海西餐厅设计 2

图 4-22　西班牙航海西餐厅设计 3

本案例的设计风格为自然主义风格，室内空间用大量的绿植装饰天花和墙面，让人仿佛置身在绿意盎然的丛林之中，也让整个室内空间充满生机和活力。室内色彩以绿色、蓝色、木色为主调，点缀少量粉红色，营造出清新、自然、浪漫、舒适的空间氛围，具体见图4-23和图4-24。

图4-23　南太平洋西餐厅设计1

图4-24　南太平洋西餐厅设计2

三、学习任务小结

通过本次课的学习，同学们深入分析了优秀西餐厅设计案例的设计方法，理解了西餐厅设计在功能、造型、色彩、照明等方面的表现方法。通过优秀西餐厅设计案例的分析与鉴赏，开拓了设计的视野，提升了对西餐厅设计的深层次认识。课后，同学们要尝试进行设计实践，逐步提高西餐厅设计能力。

四、课后作业

选择3套西餐厅设计案例进行分析，并制作成PPT进行展示。

项目五
快餐厅设计训练

学习任务一　快餐厅设计要点分析

学习任务二　快餐厅设计案例分析

学习任务三　茶饮店设计案例分析

快餐厅设计要点分析

教学目标

（1）专业能力：了解快餐厅设计的要点。

（2）社会能力：培养学生严谨、细致的学习习惯，提升学生团队协作的能力。

（3）方法能力：培养学生设计思维能力和设计创新能力。

学习目标

（1）知识目标：了解快餐厅设计的要点和各功能区域的设计方法。

（2）技能目标：能结合快餐厅设计要点进行快餐厅空间设计。

（3）素质目标：培养严谨、细致的学习习惯，提高个人审美能力和设计创新能力。

教学建议

1. 教师活动

教师通过分析和讲解快餐厅设计的要点和方法，提高学生的快餐厅设计能力。

2. 学生活动

认真领会和学习快餐厅设计的要点和方法，收集快餐厅设计的案例，思考设计案例中的设计要点及其应用方式。

一、学习问题导入

各位同学，大家好！今天我们一起来对餐饮空间中的快餐厅的设计要点进行分析学习。快餐文化起源于20世纪的美国，是把工业化概念引进餐饮业的结果。快餐厅是以集中加工配送、现场分餐食用并快速提供就餐服务为特点的餐饮空间，主要有中式快餐和西式快餐两种。快餐厅适应了现代生活的快节奏，满足了人们追求品牌质量、卫生安全和简便快捷的用餐需求，在现代社会获得了飞速的发展，快餐厅的经营方式也逐渐成为当今餐饮业的主要经营方式之一。

二、学习任务讲解

快餐厅设计的空间布置要适应快餐文化中"简便、快捷"的要求，提高服务效率和食客的流动性，结合快餐厅室内装饰材料、色彩、灯光为顾客提供舒适、明亮、整洁的用餐环境。针对快餐厅经营模式和特点以及顾客需求，可以从外观形象设计，空间布局设计，动线设计，照明、色彩和温度设计，陈设设计等方面的设计要点进行综合设计。

1. 快餐厅的外观形象设计

餐饮空间的外观形象设计是吸引顾客的关键，因此外观标志对快餐厅经营来说是至关重要的。快餐厅整体外观设计包括一个与广告标识连成一体的标志性形象符号，这种标志性形象可以使顾客快速、直观地感觉到快餐厅形象信息，并引起用餐欲望。这种标志性形象符号应用到大门门面、入口空间、食品展示、外卖窗口、招牌广告等一体化的外观设计上，把广告标识的重要部分贯穿于快餐厅的每一个角落，用名字或标志性符号来装饰。快餐厅的门面设计要宽敞、通透，具有视线的穿透性，这样有利于迅速吸引客人的视线，见图5-1。

快餐厅的外观形象设计常使用纯度较高的原色和明亮的照明，以便快速吸引顾客眼球，并创造出一种简洁、明快的形象。此外，可将快餐厅的外观形象与店徽、标牌、菜牌、陈设雕塑、服务员服装等进行系列化设计，进一步强化品牌形象。一些全球连锁快餐店的外观形象设计便是最具代表性的标志性形象符号，将这种符号信息贯通运用到所有其连锁快餐厅的系列设计中，建立起一种全球性外观形象记忆，见图5-2。

图5-1 快餐厅外观设计注重强标识性、高通透性

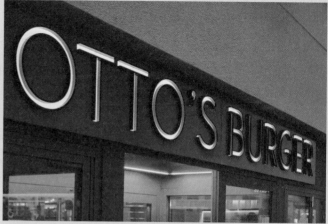

图 5-2　快餐厅门面招牌标识

2. 快餐厅的空间布局设计

快餐厅设计首先要考虑空间的合理划分，按照功能分区可分为入口空间、就餐空间、厨房空间以及其他辅助空间。

（1）快餐厅入口空间设计。

快餐厅入口空间主要的功能是接受顾客排队和等待。一般有两种基本队形：一种是数列队形，其中每一列都通向一个销售点；另一种是单列队形，只有一个销售点，所有程序（包括选菜、点菜、上菜、付款）都在这一区域内完成。所需空间大小是由预期的客流量决定的。单列队形明显的缺点在于当顾客走入餐厅时可能会因为队伍较长而放弃排队；数列队形的排队方式让每列队缩短，顾客会感觉队伍变短了，排队也花不了多少时间而愿意排队。事实上两种方式的通过量（既定时间内接受服务的客人数量）几乎是相等的。服务人员之间责任划分明确是单列队形能节约时间的方法。例如一名服务员负责为顾客点菜、收款，与此同时其他人负责上菜。在数列队形中，一个人要负责点菜、上菜、收款全部步骤，所以比较费时。单列队形的另外一个优势就是只需少量收银机，而且前台也不需要太大面积。快餐厅入口要根据快餐厅的经营管理模式、设备数量、人员数量等进行合理设计，使其符合使用需要。

此外，快餐厅的入口区也是展示快餐厅特色、吸引客流的第一空间，入口区的设计应该通透、敞亮，利用光线、色彩、形象等设计吸引顾客驻足。可以在入口区摆放招牌、菜牌、标志物、促销广告等达到宣传效果，也可以设置透明柜台展示部分销售餐品，提高顾客在结账时打包外带的消费概率，见图 5-3 和图 5-4。

图 5-3　快餐厅入口区柜台立面图

图 5-4 快餐厅入口空间设计

（2）快餐厅就餐空间设计。

就餐区是快餐厅设计最主要的部分，需要围绕特定的主题来营造整个餐饮环境。快餐厅的就餐空间设计重点在于以合理的设计布局，使有限的餐厅面积能最大限度地发挥其使用价值，提高入座率和食客的流动性。

一般来说，快餐厅应以小型桌为主，即供 2 人至 4 人用餐的桌子，并且可以多设置一些单人餐桌，让单独用餐的客人也有一个区域能用餐，避免客人经历那种和不相识的人面对而坐、互看进餐的尴尬场面。另外，可设定一块靠近厨房的点单外带区，方便赶时间的客人取餐，提高就餐的流动性。快餐厅常将大部分桌椅靠墙排列，其余则以岛式配置于餐厅的中央，这种方式能有效地利用空间。靠墙的座位通常是 4 人或 2 人对坐，也有少量 6 人对坐的座位。岛式的座位多至 10 人，少至 4 人，这类座位比较适合人数较多的家庭或集体用餐时使用。

快餐厅就餐空间设计中要考虑两个尺度。一是座位尺度，人体尺寸是座位尺度设计的重要依据。座位设计要符合人体工程学原理，使人在空间中感觉舒适、安全，同时也要考虑在有限的空间尽量布局更多的座位，提高经济效益。二是通道尺度，餐厅中通道的宽度一般按人流股数来计算，每股人流以 600mm 计算。主通道应能通过 2 ~ 4 股人流，次通道应能通过 1 ~ 2 股人流。由于快餐厅经营模式决定其需要快速上菜和保洁，流动性高，因此合理设计快餐厅的通道，避免上菜时出现相互碰撞，提高上菜服务效率非常关键。快餐厅就餐空间设计见图 5-5 ~ 图 5-8。

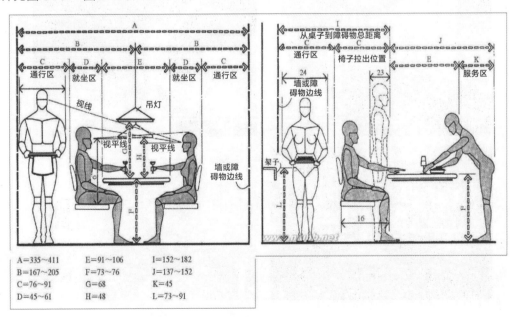

图 5-5 快餐厅座位设计和通道设计中的常用人体工程学尺度（单位：mm）

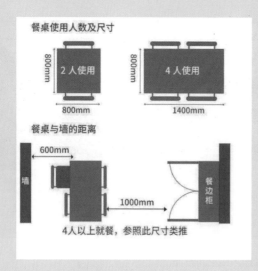

餐桌使用人数及尺寸

2人使用 800mm × 800mm

4人使用 800mm × 1400mm

餐桌与墙的距离

墙 600mm 1000mm 餐边柜

4人以上就餐，参照此尺寸类推

图 5-6 快餐厅就餐区座位设计

图 5-7 快餐厅常用的单人座、2 人座设计

图 5-8 快餐厅就餐区多种组合形式的座位设计

（3）快餐厅厨房空间设计。

快餐厅的厨房空间包括制作区、储存区、配餐区等，布局形式可分为封闭式、半封闭式和开敞式三种。

①封闭式：即厨房空间与用餐区完全隔离开，整个加工过程呈封闭状态，顾客看不到餐品制作过程，这是大部分餐厅厨房使用的形式。

②半封闭式：即将厨房的某一部分暴露，使顾客能看到有特色的烹调和加工工艺，以活跃气氛，增加情趣。

③开敞式：即直接把烹制过程敞开在顾客面前，现吃现制，气氛亲切。

快餐厅因其经营方式特点，常采用半封闭式或开敞式，特别是无须使用明火加工的餐厅，将餐品制作过程呈现给顾客，可以通过餐品的色、香、味及制作过程的展示增加食品的吸引力，提高消费欲望。甚至顾客可以参与部分食材的自助搭配，增加用餐时的趣味性和互动性。同时，半封闭式和开敞式厨房能让后厨保持在客人的视线之内，让他们看到一部分的食物加工环节，传递一定的食品安全和食材新鲜的信息。对于半封闭式及开敞式厨房，要特别注重排气通风设计，保证就餐及餐厨工作区域有足够的空气流动，见图5-9和图5-10。

很多大型连锁快餐厅的厨房设计已经被反复研究、修改，得到了能使单位雇员工作小时产出最大的布局方案。快餐厅业主可根据餐厨需要向供应商订做特别为其菜单而设计的设备，设计的关键在于尽可能保持生产过程流程化、规范化，不会因人员的流动而将其打乱。总体来说，快餐厅厨房设计是基于其菜品制作需要而设计的，现代快餐厅经营菜式日趋丰富，增加了加工新鲜食品、汤甚至烤面包等，因此厨房要相应增加烤箱和蔬菜预备区等的功能设备和区域，并将熟食和生食独立分隔加工、存放，防止食品交叉污染。

图5-9　半封闭式厨房设计

图5-10　开敞式厨房设计

（4）快餐厅的其他辅助空间设计。

快餐厅的其他辅助空间包括服务台、办公室、休息室、洗手间等管理空间及公共空间。一般来说，快餐厅属于快消品营业场所，以便捷、经济为特点，不似其他大型餐饮空间设置较为完备的辅助空间和公共空间，辅助空间的设置可根据需要简化或减少。快餐厅可独立设置洗手间，也可共用商场内部公共洗手间，但需设置清楚的标识引导牌。

除此之外，快餐厅设计还可以根据自身需要增加饮料区、自助区、快捷取餐窗口等方面的设计。总体来说，快餐厅空间布局设计要求达到空间简洁、运作快捷、经济方便、服务简单、干净卫生的标准，以最优化合理的设计满足经营需求。

快餐厅的其他辅助空间设计见图 5-11 和图 5-12。

图 5-11 快餐厅的外卖快捷取餐窗口、自助区设计

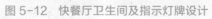
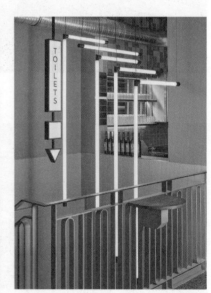

图 5-12 快餐厅卫生间及指示灯牌设计

3. 快餐厅的动线设计

快餐厅动线是指顾客、服务员、食品与器皿在餐厅内流动的方向和路线。快餐厅"快捷"的概念是保证在最短的时间把菜品烹饪出来，快速送到顾客面前，并保证顾客进店、取餐、离店的路线互不干扰。快餐厅需要通过对动线的合理规划来提高工作效率、提升顾客体验，从而有效提升餐厅的流水和利润。

快餐厅动线设计要考虑顾客动线和服务人员动线。顾客动线应以从大门到座位之间的通道畅通无阻为基本要求。一般来说，餐厅中顾客的动线采用直线为好，避免迂回绕道，以免影响或干扰顾客进餐的情绪和食欲。餐厅中顾客的流通通道要尽可能宽敞，动线以一个基点为准。服务人员的动线长度对工作效率有直接的影响，原则上越短越好。在服务人员动线安排中，注意一个方向的道路作业动线不要太集中，尽可能除去不必要的曲折。可以考虑设置一个"区域服务台"，既可存放餐具，又有助于服务人员缩短行走路线。

快餐厅如果采用顾客自我服务方式，在餐厅的动线设计上要注意分出动区和静区，按照在柜台购买食品→端到座位就餐→将垃圾倒入垃圾桶→将托盘放到回收处的顺序合理设计动线，避免出现通行不畅、相互碰撞的现象。设置独立取餐区及自助点餐机，可减少点餐区域的人群堆积以及点餐、取餐人流重合混乱的情况。如果餐厅采取由服务人员收托盘、倒垃圾的方式，则要更多考虑服务人员动线设计，缩短其行走动线，以提高送餐和清理的效率。此外，也要充分考虑厨房动线设计，以便提高制作和出菜效率。快餐厅动线示例见图5-13。

快餐厅按空间平面布局结构一般有"I"形、"L"形、"U"形和"Z"形等多种空间布局形式，见图5-14。

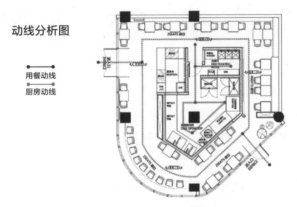

图 5-13 快餐厅动线示例

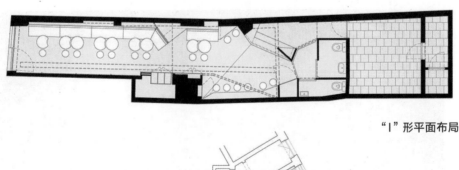

"I"形平面布局

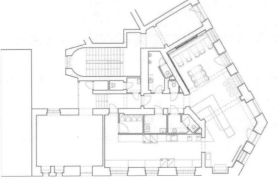

"U"形平面布局

图 5-14 快餐厅不同类型平面布局形式

4. 快餐厅的照明、色彩和温度设计

（1）快餐厅的采光和照明设计。

快餐厅的光线包括自然光线和人造光线。邻近路边的快餐厅常以窗代墙，充分利用自然光线，使顾客能享受到阳光的舒适，产生一种明亮、宽敞、开阔的感觉，使顾客心情舒展而食欲增加。设立于建筑物中央或商场内部的快餐厅则须借助人造灯光吸引顾客的注意，并通过灯光营造环境氛围。

快餐厅常用的人造光线包括荧光和白炽光。荧光具有亮度高、经济、实惠的特点，但生硬、缺乏美感，使人和食物显得苍白；白炽光易控制和调节，光线柔和、自然，易于显示食品的本色。

另外，光线强度对顾客的就餐时间也有影响。根据心理测试，暗淡的光线会延长顾客的就餐时间，明亮的光线则会加快顾客的就餐速度。快餐厅属于快速消费空间，就餐的客人追求快捷、高效的服务，快餐厅业主追求的是批量的客户，照明设计一般采用500～1000lx的高照度和高均匀度的明亮光线，以加快顾客就餐速度，提高流动率，提高经济效益。

照明产生的色温效果也对用餐环境和顾客心理感受有影响。色温低的暖色，使人感觉温暖；色温高的冷色，使人感觉凉爽。在快餐厅中使用一定的黄色或者暖光源可以令人感觉温暖，并增进食欲；而使用高色温的冷光源能够使人清晰辨识食物，产生明快的心理感受。快餐厅光源色温的选择要根据需要将两者有机结合，暖色光源（低色温）和适当的照度需要与高色温（冷色）或者中间色温相结合，增加空间的层次感，让顾客消除闷热、忧郁的情绪，增进食欲，获得欢快的感受和气氛。快餐厅普遍面向年轻顾客群体，可选择色温为4000～4300K的光源，既满足了餐厅照明设计的要求，又使空间有明快、轻松、休闲、时尚的现代感，见图5-15和图5-16。

（2）快餐厅的色彩设计。

色彩设计可以表现快餐厅独特的风格和个性，不同的色彩对人的心理和行为有不同的影响。例如白色让人安宁，黄色使人怀旧，绿色让人放松、休闲，蓝色令人清爽、自如，红色使人振奋等等。快餐厅根据经营的需要，为提高顾客的流动率，多采用较为刺激、活跃且对比强烈的色彩。

快餐厅色彩设计首先要确定主色调。主色调确定后，可以用其他的颜色作为辅助和点缀。快餐厅的主色调应以清新、明快的色调为主，避免过深、过暗，营造轻松、活泼、欢快的空间氛围，见图5-17。

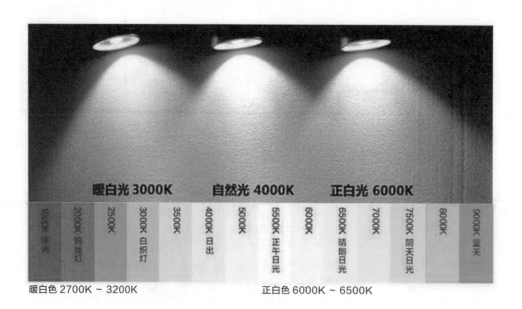

暖白光 3000K　　自然光 4000K　　正白光 6000K

| 1500K 烛光 | 2000K 钨丝灯 | 2500K | 3000K 白炽灯 | 3500K | 4000K 日出 | 5000K | 5500K 正午日光 | 6000K | 6500K 晴朗日光 | 7000K | 7500K 朗天白光 | 8000K | 9000K 蓝天 |

暖白色 2700K～3200K　　　　　　　　　正白色 6000K～6500K

图5-15　不同色温产生的光色变化

图 5-16　快餐厅的灯光照明设计

图 5-17　快餐厅清新明快的色彩设计

快餐厅色彩设计还可以设定色彩的主题并进行配色，一些经典的配色体系可以应用到快餐厅的配色之中，例如刺激的蒙德里安色彩构成体系、优雅的蒂芙尼蓝蓝色系、甜美的马卡龙色系、舒适的莫兰迪灰色系等，见图 5-18 和图 5-19。

（3）快餐厅的温度设计。

顾客希望能在一个四季如春的舒适环境中就餐，因此室内的温度对快餐厅的经营有很大的影响。快餐厅的空气调节受地理位置、季节、空间大小所制约。一般来说，快餐厅的最佳温度应保持在 21 ~ 24℃。温度还能影响顾客的流动性，快餐厅可适当利用相对较低的温度来增强顾客的流动性，营造舒爽、透气的温度环境。

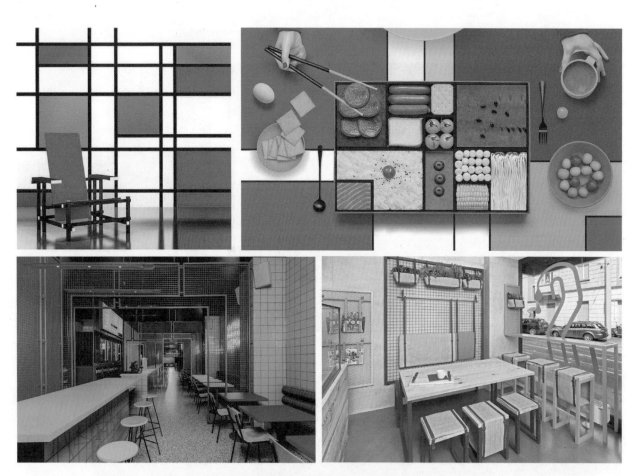

图 5-18　利用蒙德里安色彩构成经典配色的快餐厅设计

图 5-19　利用蒂芙尼蓝经典蓝色系进行配色的快餐厅设计

5. 快餐厅的空间陈设设计

（1）简约大色块和现代装饰材料的运用。

快餐厅以"快捷"为特点，用餐者不会过久停留，也不会对空间景致进行细品，因此快餐厅的空间陈设艺术手段多以粗线条、快节奏、明快色彩以及简洁的大色块分割装饰为主，结合多种现代装饰材料的综合运用，营造简洁、明快的环境氛围。快餐厅空间陈设设计常采用金属作为家具、配饰、墙面装饰的支撑或连接材料，以多种金属光泽烘托出快餐厅的时代感和工业感。玻璃和塑料材质在快餐厅家具及配饰中也较常用，可以丰富空间的质感。此外，因为用餐者流动性较大，快餐厅陈设设计应该突出空间区域划分的作用，比如利用矮隔断、墙面大色块和几何形装饰等实现区域划分和引导。

（2）醒目的标识物和陈设装饰。

快餐厅以快速抓住顾客眼球、吸引顾客就餐为经营策略，因此在陈设布置上，可将食品柜陈列在入口走廊的过道上，使顾客能够直接看到柜台中的食物，提升就餐欲望。同时运用明快的色调、五彩缤纷的霓虹灯饰和广告招牌、夸张的食品雕塑或标志物等形成欢快、友好的快餐厅形象。

（3）体量小、易打理的陈设家具。

材料本身的性能是快餐厅陈设设计需要考虑的要素。由于快餐厅顾客流动率高，如何在前一桌顾客用餐结束后快速清洁打理并迎接新顾客，成为快餐厅经营中需要考虑的现实因素。快餐厅的陈设设计使用材料应该优先考虑易清洁、易打理、耐久、耐磨。地面铺设材料应考虑使用易清洁、耐磨、防污、防滑的地砖或复合地板，既美观又实用。快餐厅的家具设计以现代简约为主，体量较小，易清洁打理。

快餐厅的空间陈设设计见图 5-20 ～图 5-22。

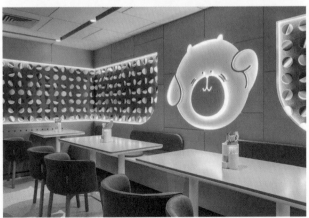

图 5-20　快餐厅多种现代装饰材料综合运用的陈设装饰手法

图 5-21　快餐厅以大色块划分空间的陈设装饰手法

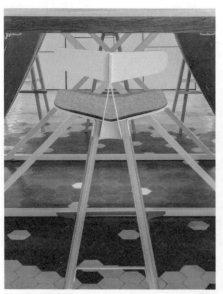

图 5-22　快餐厅家具陈设特点：简约、小体量、易打理

三、学习任务小结

通过本次课的学习，同学们初步了解了快餐厅设计的要点和各区域的设计方法。通过对快餐厅设计要点的分析与讲解，提升了对餐饮空间设计的进一步认知。课后，同学们要多收集相关快餐厅设计的成功案例，提升个人审美能力和设计创新能力。

四、课后作业

每位同学收集 3 个快餐厅设计案例，分析其设计要点并制作成 PPT 进行分享。

学习任务 二　快餐厅设计案例分析

教学目标

（1）专业能力：具备快餐厅设计案例分析与鉴赏能力。

（2）社会能力：培养学生知识转化和运用能力，提升学生团队协作的能力。

（3）方法能力：培养学生设计思维能力和设计创新能力。

学习目标

（1）知识目标：通过快餐厅设计案例分析总结快餐厅设计方法。

（2）技能目标：能从快餐厅设计案例分析中归纳总结方法，进行快餐厅设计规划。

（3）素质目标：培养严谨、细致的学习习惯，提高个人审美能力和设计创新能力。

教学建议

1. 教师活动

教师通过分析和讲解快餐厅设计案例中的要点和方法，培养学生的快餐厅设计应用能力。

2. 学生活动

学生通过快餐厅设计案例的学习，领会快餐厅设计的要点和方法。

一、学习问题导入

各位同学，大家好！在快节奏的现代社会中，快餐厅的经营方式逐渐成为当今餐饮业的主力军。上次课我们学习了快餐厅设计的要点。今天我们通过对优秀快餐厅设计案例的分析与讲解，探讨快餐厅设计的方法和技巧。

二、学习任务讲解

案例———MOCHI 快餐厅设计

（1）平面布局分析。

本案例的平面布局规范、整齐，高效地利用了现有场地，尽量多地设置座位，将功能尺寸应用到极致。餐厅中的交通流线以直线为主，线路流畅、清晰。各就餐区域之间既相互贯通，又通过现有的立柱隔断和座椅的围合形成相对独立的区间，在保证空间开阔的同时，又满足了食客的私密性需求，见图5-23。

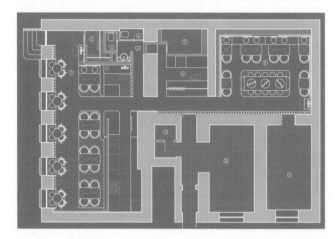

图 5-23　MOCHI 快餐厅平面图

（2）外观及入口区标识设计。

MOCHI 快餐厅以卡通化的外观标识设计及清新、柔和的色调为特征，打造了一个温馨、舒适的快餐空间。入口处通过清晰的店牌、创意的卡通标志、甜美的色彩等突出外观设计的形象，见图5-24。

（3）就餐空间设计。

就餐空间座位设置了单人座、2人座、4人座及中岛多人座的组合布局，满足多种需要，实现了空间的最大化利用，见图5-25。

（4）其他辅助空间设计。

MOCHI 快餐厅采用封闭式厨房，可提供酒水、饮品、酱料等服务。洗手间呼应餐厅的统一装饰风格，以圆镜作为装饰，体现现代、简约的美感，见图5-26。

图 5-24　外观及入口区标识设计

图 5-25　就餐区单人座、2 人座、4 人座、中岛多人座组合布局的设计

图 5-26　厨房传餐区及洗手间设计

（5）以"圆点"为构成元素的陈设设计。

MOCHI 快餐厅的卡通标志设计、灯具设计、座椅设计及墙面装饰设计等统一以"圆点"为构成元素，并以不同材料、色彩呼应设计主题，突出装饰效果。以圆桶形花器栽种绿植错落布置成一面墙，打造有氧空间和清新、自然的环境，见图 5-27。

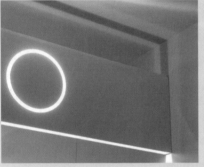

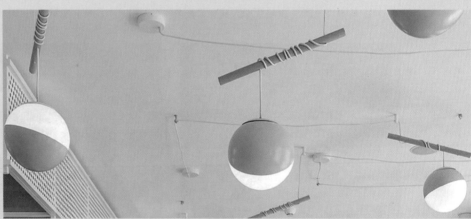

图 5-27　以"圆点"为构成元素的陈设设计

（1）平面布局分析。

本案例的平面布局方正、齐整，特别是后厨的设计井然有序，保证了快餐厅高效的出品。就餐区面积较小，后厨面积较大，这种布局是以外卖和打包为主的快餐厅常用的布局方式，可以实现餐厅的快周转和高流通。就餐区的卡座设计简洁明了，通过小隔断实现了有效分隔，见图 5-28。

（2）前台、厨房和就餐区设计。

JUNZI 快餐厅在材质上选用原木、复合板等以原木色为主色调的材质，打造温馨、舒适、自然的空间氛围。为平衡总体的暖色调，点餐区、取餐区上方采用冷色蓝调的灯牌，营造空间的冷暖色光对比效果。制作区、配餐区使用半封闭式厨房和前台整体结合的设计方法，使顾客在前台点餐、配餐、取餐的动线流畅清晰。就餐区设有单人座、4 人座、中岛座位等，具体见图 5-29 和图 5-30。

（3）餐具垃圾回收点。

JUNZI 快餐厅在大门入口处设计了餐具垃圾回收点，且在厨房区和用餐区之间设置了餐具垃圾回收箱，兼作两个空间的隔断，在有限的空间内区分出动区和静区，动线清晰，具体见图 5-31。

图 5-28　JUNZI 快餐厅平面图

图 5-29　就餐区座位及背景墙设计

图 5-30　厨房及前台点餐区、配餐区、取餐区

图 5-31　餐具垃圾回收箱

案例三——EL CALIFA 快餐厅设计

（1）整体外观设计和装饰元素。

EL CALIFA 快餐厅采用通透的大面积玻璃墙面、醒目的招牌标识，能迅速吸引经过的食客的注意。玻璃幕墙的设计和店内墙面装饰风格相统一，都以"圆"为构成元素，形成前后呼应的装饰手法，见图 5-32 和图 5-33。

（2）就餐区和厨房设计。

就餐区座椅设计以 4 人座为主，陈列于室内及室外。厨房设计为半封闭式，厨房和前台点餐、配餐区相连接，动线合理、清晰，提高了配餐效率。同时通透的玻璃幕墙使过往路人能清晰地看到点餐、配餐区的工作，有吸引客流的作用，见图 5-34。

图 5-32　快餐厅外观设计及玻璃幕墙设计

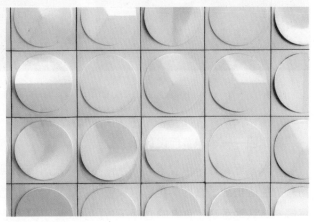

图 5-33　快餐厅内墙立面以"圆"为构成元素

图 5-34　快餐厅内墙立面以"圆"为构成元素

（3）洗手间及其他辅助设计。

　　洗手间设计呼应快餐厅整体色调，深蓝色的天花及半墙、水磨石的地面和洗手台，营造出洁净简约的空间效果。同时以"圆"构成的装饰元素也被运用到洗手池及圆镜设计上，处处可见风格的呼应。厨房和用餐区之间设计了饮料自助柜，以明亮的灯光和色调刺激消费，一方面方便顾客自主购买饮品，另一方面也起到巧妙的隔断作用，强调厨房区和就餐区的分隔。洗手间设计、饮料自助柜设计见图 5-35。

图 5-35　洗手间设计、饮料自助柜设计

案例四——小米餐厅设计

　　小米餐厅设计采用混搭风格，将简约欧式风格与现代主义、自然主义风格进行混搭，体现出鲜明的个性和新颖的空间形式。餐厅的色彩以灰色为基调，辅以鲜艳的绿色和沉稳的木色，营造出舒适、休闲、宜人的空间氛围，有效地缓解了食客的心理压力。小米餐厅设计见图 5-36 ～图 5-38。

图 5-36　入口标志设计

图 5-37　卡座区设计　　　　　　　　　　　　图 5-38　就餐区设计

案例五——甘其食包子铺快餐厅设计

甘其食包子铺快餐厅设计采用自然主义风格,以浅色木材和绿色马赛克作为主材,营造出清新、自然、舒适、休闲的空间氛围。餐厅室内外的造型设计以"线"为主要元素,纵横交错的直线条表现出快餐厅简洁、高效、现代的主题。甘其食包子铺快餐厅设计见图5-39。

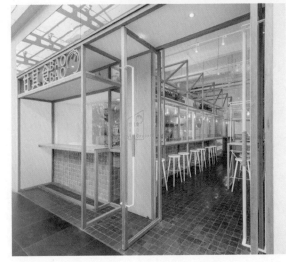

图5-39 甘其食包子铺快餐厅设计

三、学习任务小结

通过本次课的学习,同学们了解了国内外优秀快餐厅设计的方法和技巧,加强了对快餐厅设计要点的理解,提升了对快餐厅设计的认知。课后,同学们要多收集相关的快餐厅设计案例,深入分析其设计思维和表现手法,提升个人的快餐厅设计能力。

四、课后作业

每位同学收集5个快餐厅设计案例并进行深入分析,以PPT形式进行分享。

学习任务 三 茶饮店设计案例分析

教学目标

（1）专业能力：具备茶饮店设计案例分析与鉴赏能力。

（2）社会能力：培养学生知识转化和运用能力，提升学生团队合作的能力。

（3）方法能力：培养学生设计思维能力和设计创新能力。

学习目标

（1）知识目标：通过茶饮店设计案例分析总结茶饮店设计方法。

（2）技能目标：能从茶饮店设计案例分析中归纳总结方法，进行茶饮店设计规划。

（3）素质目标：培养严谨、细致的学习习惯，提高个人审美能力和设计创新能力。

教学建议

1. 教师活动

教师通过分析和讲解茶饮店设计案例中的要点和方法，培养学生的茶饮店设计应用能力。

2. 学生活动

学生通过茶饮店设计案例的学习，领会茶饮店设计的要点和方法。

一、学习问题导入

各位同学，大家好！在时尚都市圈中，茶饮店以其时尚、精致的装修风格，丰富的口感，受到都市年轻人的追捧。在大都市的核心商圈经常可以看到这样的场景——几百米的队伍，排队几个小时，就为了喝上几十元一杯的奶茶，一些网红奶茶店天天人员爆满。茶饮店的强势发展离不开其设计定位，今天我们就一起来分析优秀茶饮店的设计案例。

二、学习任务讲解

案例一——喜茶深圳店设计

（1）平面布局分析。

本案例的平面布局新颖、独特，茶桌的外形犹如天空中的一朵朵白云，具有强烈的节奏感和韵律感。通过平面布局可以看出，本案例旨在探讨新时代中，人与人之间在现实世界里的距离，以及人们坐下来的另一种方式。在喜茶，你可以自由地一人小憩，也可以制造二人时光的浪漫，还可以享受多人相聚的欢乐。喜茶不只是一家满足你口腹之欲的茶饮店，更代表着一种全新的社交方式与空间。喜茶深圳店平面图见图5-40。

（2）茶饮区空间设计。

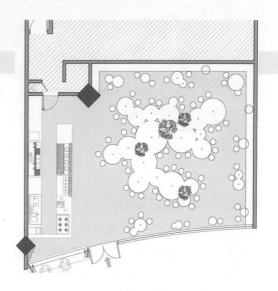

图5-40 喜茶深圳店平面图

本案例将19种不同尺寸的小桌子拼成一张大桌，大桌子缩短了不同群体之间的距离，为他们的互动提供了可能。对坐、反坐、围坐，不同的坐下来的方式出现在同一个大空间内，私密性与开放性共存，让每个消费者每次进店都能收获不同的空间体验感，见图5-41和图5-42。

图5-41 茶饮区座位设计

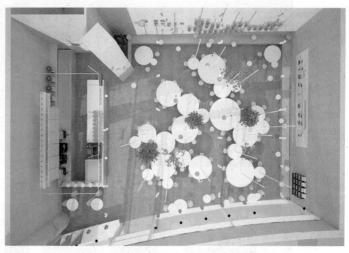

图5-42 茶饮区鸟瞰图

桌子之间的绿植营造自然的氛围，如置身于林中饮茶，若隐若现。围水而坐，曲水流觞，携客煮茶、吟诗作画，向来是古代文人墨客诗酒唱酬的一件雅事。根据店面的特殊空间结构，本案例尝试用自然的曲线来串联各个尺度的桌子，充分利用空间的同时，也制造出人与人之间不同的距离。地面稍作抬起，形成小丘陵，定制的流线型餐桌由内自外自然蔓延，化作"溪流"。山溪两侧可坐宾客30余人，绿意盎然的植物穿插其中，顶部玻璃

注：此处为侧边栏

项目五 快餐厅设计训练

121

天花反射地面景观，形成起伏的水波纹隐隐荡漾的效果，让整个空间如诗如画，见图5-43。

图 5-43　茶饮区空间设计

案例二——喜茶厦门店设计

　　本案例采用自然主义设计风格，在空间意境上追求禅意的效果，营造出温馨、舒适、雅致的空间氛围。在造型设计上，以几何形体块为主，让空间更加简约、纯粹。在材质上，选用木饰面、岩石、肌理漆等具有天然质感和纹理的材料，让界面设计贴近自然。在色彩上，以暖色调为主调，结合浅黄色灯光效果，让空间更加柔和、舒缓，并能有效地缓解客人的压力。喜茶厦门店设计见图5-44和图5-45。

图 5-44　喜茶厦门店设计 1

图 5-45　喜茶厦门店设计 2

案例三——SHUGAA 甜品店设计

    SHUGAA 甜品店外观设计采用解构主义设计风格，运用线面结合的抽象构成主义设计手法让甜品店的外观打破方正格局，形成强烈的节奏感和韵律感，见图 5-46。

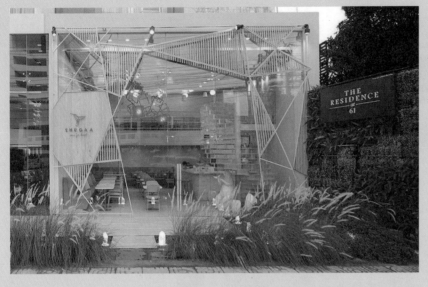

图 5-46　SHUGAA 甜品店外观设计

    SHUGAA 甜品店室内采用现代简约主义设计风格，营造出温馨、舒适、甜美、休闲的空间氛围。在造型设计上，以直线为主，让空间更加方正、实用。在材质上，选用木饰面、大理石、乳胶漆等光洁材料，让界面设计更加细腻。在色彩上，以暖色调为主，色彩明度较高，让空间更加柔和、舒展，避免使人压抑。在陈设设计上，悬挂于天花的解构主义吊灯与店面的外观形成呼应，也让室内空间更加活跃、灵动。SHUGAA 甜品店室内设计见图 5-47。

图 5-47　SHUGAA 甜品店室内设计

案例四——客从何处来茶饮店设计

客从何处来茶饮店设计采用现代简约主义风格，造型简洁，以几何体块为主，给人以清爽、明快的视觉感受。在色彩上，用黑、白、灰色搭配鲜艳的红色，让色彩更有层次感，也让空间更加鲜活、跳跃，更符合年轻人的审美。客从何处来茶饮店设计见图 5-48 和图 5-49。

图 5-48　客从何处来茶饮店设计 1

图 5-49　客从何处来茶饮店设计 2

案例五——瑞幸咖啡店设计

　　瑞幸咖啡店设计采用现代主义风格与自然主义风格相结合的方式，为都市人在喧嚣的城市中建立了一个放松心灵的驿站。瑞幸的标志是一个有着长长的鹿角的鹿头，造型生动、活泼，富有亲切感。室内空间的装饰设计提取自然元素，如树枝、仿真树木等，营造出悠闲、淳朴、天然的空间效果。室内的灯光设计以局部照明和间接照明为主，让空间表现出安静、祥和的氛围。瑞幸咖啡店设计见图 5-50 和图 5-51。

图 5-50　瑞幸咖啡店标志设计

图 5-51　瑞幸咖啡店室内设计

案例六——茶颜悦色奶茶店设计

　　茶颜悦色奶茶店设计采用混搭设计风格，将现代主义、新中式和自然主义三种风格融合为一体，表现出独特的装饰效果和文化内涵。茶颜悦色奶茶店的标志是中国古代仕女的头像，温柔、委婉，极具中国传统艺术魅力。室内空间的装饰设计则简洁明了，用现代几何造型结合粗犷的自然材料，再配以柔和的灯光效果，营造出宁静、朴实的空间氛围。茶颜悦色奶茶店设计见图 5-52 和图 5-53。

图 5-52　茶颜悦色奶茶店外观和标志设计

图 5-53　茶颜悦色奶茶店室内设计

三、学习任务小结

通过本次课的学习，同学们了解了国内外优秀茶饮店设计的方法和技巧，加强了对茶饮店设计要点的理解，提升了对茶饮店设计的认知。课后，同学们要多收集相关的茶饮店设计案例，深入分析其设计思维和表现手法，提升个人的茶饮店设计能力。

四、课后作业

每位同学收集 5 个茶饮店设计案例并进行深入分析，以 PPT 形式进行分享。

参考文献

[1] 贡布里希 . 艺术发展史 [M]. 范景中，林夕，译 . 天津：天津人民美术出版社，2001.

[2] 王受之 . 世界现代设计史 [M].2 版 . 北京：中国青年出版社，2015.

[3] 严建中 . 软装设计教程 [M]. 南京：江苏人民出版社，2013.

[4] 李亮 . 软装陈设设计 [M]. 南京：江苏凤凰科学技术出版社，2018.

[5] 严康 . 餐饮空间设计 [M]. 北京：中国青年出版社，2015.

[6] 方峻 . 私房菜馆 II [M]. 武汉：华中科技大学出版社，2015.

[7] 周婉 . 食客时代：餐饮品牌与空间设计 [M]. 南京：江苏凤凰科学技术出版社，2018.

[8] 郑家皓 . 餐厅创业从设计开始 [M]. 桂林：广西师范大学出版社，2018.